Bavaria Film
Johnny
Regie:
A.W
Produktion:
Kamera:
SF
Hunde-tricks

Richtig tolle Hundetricks

die jeder lernen kann

blv

ANGELA WEGMANN

Was Sie in diesem Buch finden

Mensch und Hund – ein tolles Team

Die Grundlagen für die Arbeit mit Hunden

Die meisten Hunde lernen für ihr Leben gerne. Sie schätzen die Zeit, die sie mit ihrem Besitzer zusammen verbringen können. Auch der reine Familien- und Begleithund wartet nur darauf, eine artgerechte Beschäftigung zu bekommen, zumal wenn seine Rasse ursprünglich für eine bestimmte Arbeit, zum Beispiel die Jagd oder das Hüten, gezüchtet wurde. Die Freude an der Arbeit liegt ihm dann im Blut. Für viele Menschen wiederum ist die Beschäftigung mit seinem Haustier eine willkommene Abwechslung.
Seit 20 Jahren arbeite ich mit Filmtieren, in erster Linie mit Hunden. Aus diesem Erfahrungsschatz heraus ist dieses Büchlein geschrieben. Hier erfahren Sie ganz nebenbei, wie es hinter den Kulissen der Filmwelt ausschaut. Wussten Sie übrigens, dass es ein großer Unterschied ist, ob Ihr Fifi seine Kunststückchen nur für Sie und Ihre Freunde vorführt oder für Fremde? Aber keine Bange, in diesem Buch erhalten Sie die nötigen Hilfestellungen, damit die Vorführung auch auf einer Party bühnenreif wird.

Stresskiller Hund

Studien zeigen, dass Hundebesitzer weniger stressanfällig sind. Kunststückchen sind Fitmacher für Mensch und Tier. Seine Freizeit mit dem Hund zu verbringen ist also auch zum Segen des Menschen. Es macht einfach Spaß, in lockerer Atmosphäre zusammen mit seinem vierbeinigen Gefährten Tricks und kleine Kunststückchen zu trainieren. Die meisten der in diesem Buch vorgestellten Tricks kann man zu Hause, ohne Helfer und ohne viel Requisiten mit seinem Hund üben.

Warum Hunde gerne vom Menschen lernen

Das soziale Erbe der Hunde als kooperative Jäger größerer Beutetiere verlangt vom Hund ständige Kommunikationsbereitschaft, soll die Jagd erfolgreich sein. Lernen ist für den Hund also überlebenswichtig. Haushunde sind ihrem Wesen nach Freunde und Helfer des Menschen. Es ist also nicht weiter verwunderlich, dass Welpen auch den Menschen als Erzieher und Lehrer anerkennen. Auch der erwachsene Hund verliert seine Lernbereitschaft nicht.

Ein ausgelassenes Spiel in einer Übungspause und nach der Arbeit tut gut.

Auch wenn die Bereitschaft zum Gehorsam rassetypisch verschieden stark ausgeprägt ist, folgen fast alle Hunde gerne den Wünschen ihres Menschen. Es entspricht ihrer Natur. Der Mensch muss es allerdings verstehen, ein guter Lehrer zu sein. Das gilt vor allem, wenn der Hund Tricks lernen soll, die nicht unmittelbar die Triebe des Hundes befriedigen. Viele Hunde apportieren gerne. Aber einen Gegenstand in einen Eimer werfen, das ist schon etwas ganz anderes. Der gute Tierlehrer kann sich in die Vorstellungswelt seines Hundes hineinversetzen und gezielt die Sinne des Hundes ansprechen.
Hunde lernen umso leichter, je mehr Sinne vor allem am Anfang des Trainings angesprochen werden. Die Ohren lauschen den Hörzeichen.
Die Augen nehmen jede Ihrer Körperbewegungen wahr. Sanfte Berührungen sind mehr als sensorische Stimulationen. Sie sind auch ein Zeichen der Verbundenheit. Die meisten Hunde ziehen das Lernen dem Nichtstun bei weitem vor.

Versteht der Hund die menschliche Sprache?

Tiere denken nicht in Worten, sondern in Bildern. So versteht der Hund einzelne Wörter der menschlichen Sprache nur, wenn er durch Training oder Beobachtung ihren Sinn gelernt hat. Tiere übersetzen nicht die menschliche Sprache, in der wir denken und sprechen. Sie nehmen die den Wörtern zugrunde liegenden Gedankenbilder wahr.

Wie erleben Hunde ihre Welt?

Wie denkt ein Haushund über seinen Herrn oder sein Frauchen? Sieht der Hund im Menschen einen Mit-Hund? Genau werden wir es nie wissen. Aber es ist zu vermuten, dass das Sozialverhalten beider Spezies nicht so unterschiedlich ist, dass der Hund den Menschen als etwas völlig andersartiges betrachtet. Menschen haben die Wahl, ihren Hund nicht zu vermenschlichen. Hunde können nicht anders, als Menschen zu verhundlichen. Die Kommunikation zwischen Mensch und Hund läuft in der Regel aber problemlos, obwohl beide verschiedene Sprachen sprechen. Es ist erstaunlich, wie weit der Hund menschliche Verhaltensweisen richtig interpretiert.

Für das Nasentier Hund ist es wichtig, die Umwelt ständig zu erschnüffeln.

Gerüche leiten den Hund

Wichtig zu wissen ist, dass der Hund mehr in einer Welt der Gerüche lebt. Die Hundenase ist ein unvorstellbar feines Instrument, mit dem der Vierbeiner seine Umwelt wahrnimmt. Für das Training bedeutet das, dass wir gut mit Duftmarken arbeiten können. Hunde erinnern sich noch nach Jahren an feinste Abstufungen von Gerüchen. Filmhunde lassen sich zum Beispiel leicht dazu bringen, an einer bestimmten Stelle zu schnüffeln, wenn der Ort mit dem Duft verheißungsvoller Leckereien eingerieben wurde.

So lernen Hunde leichter

In Anbetracht dessen, dass der Hund der älteste Begleiter des Menschen ist, gibt es erstaunlich wenige wissenschaftliche Untersuchungen zum Lernvermögen der Hunde und viel mehr Untersuchungen zur artgerechten Haltung.

Viele Trainingsmethoden

Im Laufe der Zeit haben sich viele Trainingsmethoden herausgebildet, die erfolgreich angewendet werden können, um Hunden etwas beizubringen. Es liegt viel an der Persönlichkeit des Trainers, welche Methode er für welchen Hund bevorzugt. Ernsthafte Tierlehrer informieren sich über die verschiedensten Lehrkonzepte, kehren aber erfahrungsgemäß immer wieder zu einer Lieblingsmethode zurück. Wenn der Hund erfolgreich trainiert werden soll, dann muss auch der menschliche Lehrer bestimmte Voraussetzungen erfüllen, gleich welches moderne Lehrsystem er bevorzugt. Nicht jeder ist ein begnadeter Tierlehrer.

Rudelführer

Neue Studien an Wölfen haben ergeben, dass das einfache Konzept des Rudelführers als »Herrscher« über den Hund unzulänglich ist. Zwischen dem Wolf und dem Haushund bestehen sehr enge verwandtschaftliche Beziehungen. So bringt die Wolfsforschung auch segensreiche Einblicke in das ursprüngliche Wesen des Hundes. Ein Wolfsrudel lebt bei weitem nicht nur nach den strengen Regeln von Dominanz und Unterwerfung. Wölfe interagieren sehr viel differenzierter. Ranghohe Tiere pochen nicht unter allen Umständen auf ihr Vortrittsrecht. Ja nicht einmal körperliche Überlegenheit ist ausschlaggebend für die hohe Position der Rudelführer, männlich wie weiblich. Es sind auch die kognitiven

Bei der Arbeit mit Hunden ist ein Miteinander wichtig. Der Mensch bleibt allerdings führend.

Sechs Hundepersönlichkeiten in einer bunten Gruppe. Auch Hunde gleicher Rasse können erhebliche Wesensunterschiede aufweisen.

Fähigkeiten, die einen Leitwolf ausmachen. Leittiere strahlen eine natürliche Dominanz aus, die nicht ständig bewiesen werden muss.

Was kommt an?

Seien Sie sich immer bewusst, dass Hunde sich beim Lernen nicht nur nach den Worten richten, die Sie sprechen. Ihre Körpersprache und auch die eigene innere Einstellung, also Ihre geistige Erwartung, sind mindestens genauso wichtig.

Der gute Chef

Hunde sind da den Wölfen sehr ähnlich. Auch sie wünschen sich ein Herrchen oder Frauchen, das nicht nur seine menschliche Vormachtstellung ausspielt. Wir unsererseits wünschen uns einen Hund, der das Gelernte freudig vorführt. Dazu ist es nötig, dass nicht nur eine bestimmte Lehrmethode technisch perfekt angewandt wird. Innere Ruhe, Disziplin und die Klarheit der Gedanken sind die Grundvoraussetzungen für ein erfolgreiches Training.
Der gerechte Tierlehrer führt den Hund mit klaren Zeichen durch das Lernprogramm. Bevor er darangeht, dem Hund etwas Neues zu lehren, weiß der Trainer, was der Hund schon alles kann und auf welche Fähigkeiten seines Schülers er aufbauen kann. Darüber hinaus ist es von großer Wichtigkeit, die eigenen Gedanken zu ordnen und das Ziel nie aus den Augen zu verlieren. Seien Sie gedanklich immer einen Schritt voraus.

Die Persönlichkeit des Hundes erkennen

Sie haben sich nun entschlossen, Ihrem Hund ein paar Tricks beizubringen. Aber welche sind für den Hund am geeignetsten? Bevor Sie eine Auswahl treffen, sollten Sie die Persönlichkeit Ihres Hundes genau mit in Betracht ziehen.

Der aufmerksame Gesichtsausdruck des Mischlings verrät höchste Konzentration.

Den Hund beobachten

Ist er ein aufgeweckter Bursche, der sich gerne bewegt? Oder ist Ihr Hund eher der Typ, der lange geduldig auf einem Fleck verharrt? Ist er ein Tüftler, oder muss alles schnell gehen? Beobachten Sie Ihren Hund einmal, wenn Sie beide Gassi gehen. Trottet der Hund mehr oder weniger still vor sich hin und verharrt er lange an jeder interessanten Stelle, die er hingebungsvoll beschnüffelt? In menschlichen Maßstäben ist Ihr Hund dann der Typ, der ausgiebig und sehr gründlich Zeitung liest. Denn die Gerüche seiner Umgebung enthalten für den Hund ebenso viele Informationen wie eine Zeitung für den Menschen. Solche ruhigen, gründlichen Hundetypen sind gut geeignet, alle Tricks zu lernen, bei denen kein besonderer Wert auf eine schnelle Ausführung gelegt wird.
Trägt der Hund gerne Sachen in seinem Maul herum? Grämen Sie sich nicht, wenn der Hund Ihnen weggeworfene Bälle und Stöckchen nicht von Anfang an auch wieder zurückbringt. Das ist reine Trainingssache. Nach einer Apportierschulung wird Ihr Vierbeiner besonders Tricks zu schätzen wissen, bei denen er etwas tragen darf.

Mein Rat

Eine zweite Meinung einholen. Wenn Sie unsicher sind, wie Sie Ihren Vierbeiner einzuschätzen haben, bitten Sie andere Hundebesitzer um ihre Meinung. Oftmals steht man dem eigenen Hund zu nah, um ihn objektiv beurteilen zu können.

Konzentrationsfähigkeit

Ein weiteres wichtiges Kriterium ist die Frage, wie lange sich der Hund bei einer Arbeit konzentrieren kann. Zwar wächst die Fähigkeit zur Konzentration auch beim Hund mit dem Lebensalter

Mein Rat

Die meisten Hunde, die ohne Ablenkung tadellos ihre Aufgaben lösen, geraten leicht aus dem Konzept, sobald Publikum anwesend ist. Kommen dann noch ungewöhnliche Örtlichkeiten dazu, kann auch ein Hund, der zu Hause jeden Trick mit Bravour vorführt, versagen. Beim Training ist darauf zu achten, dass Schritt für Schritt die verschiedensten Ablenkungen eingebaut werden.

und vor allem mit dem Training, doch gibt es individuelle Grenzen. Ein Welpe kann nur ein paar Minuten bei der Sache sein. Wenn beim Aufbau alles optimal läuft, hat der junge Hund bis zum Alter von 1/3 bis 3 Jahren seine volle Konzentrationsfähigkeit erreicht.
Die Unterschiede sind nicht nur rassetypisch, sondern auch innerhalb einer Rasse gibt es Individuen, die sich besser, und solche, die sich schlechter konzentrieren können. Auch die Ablenkbarkeit ist unterschiedlich ausgeprägt und hängt eng mit der Konzentrationsfähigkeit zusammen. Wie geht der Hund mit Trubel um? Bleibt er neutral oder wird er ängstlich?
Wenn Sie einen Trick besonders wirkungsvoll präsentieren wollen, sollten Sie auch noch beachten, welchen Typ Ihr Hund rein äußerlich verkörpert. Der große, etwas bedächtige Hund, zum Beispiel ein Bernhardiner, eignet sich sicherlich gut, um ausdauernd den Kellner zu spielen.

Trick

Der Konzentrationstest
Lassen Sie Ihren erwachsenen Hund in ruhiger Umgebung vor sich sitzen. Sprechen Sie ihn mit seinem Namen an, sodass er zu Ihnen aufschaut. Benutzen Sie den erhobenen Zeigefinger neben Ihrem Gesicht, um etwas erwartungsvolle Spannung in Ihre Haltung zu bringen (aber drohen Sie nicht). Wie lange dauert es, bis Hasso das Interesse verliert und wegschaut? Für den Anfang sind 30 Sekunden gut. Nun machen Sie den Test während der Gassi-Runde, wenn Ihre Freunde mit ihren Hunden dabei sind. Oder stellen Sie sich vor den Eingang zu einem Supermarkt. Kann sich Hasso auch jetzt 1 Minute und mehr konzentrieren? Wenn Hasso nicht gerade ein Border Collie ist, dem der fixierende Blick im Blut liegt, gehört er zu den besonders aufmerksamen Vierbeinern, die auch schwierigere Tricks gerne lernen.

Ist der Hund kontaktfreudig?

Schließlich gilt herauszufinden, ob es Dinge oder Situationen gibt, die Ihr Hund besonders liebt oder vor denen er Angst hat. Angst vor bestimmten Situationen kann man durch behutsames Heranführen meist verbessern. Sucht Ihr Hund von sich aus Kontakt zu anderen Menschen oder ist er eher reserviert? Dem zurückhaltenden Typ wird man mit Tricks, die mit der Interaktion mit fremden Menschen zu tun haben, keine große Freude bereiten. Solch ein Wesenszug muss unbedingt beachtet werden. Letztendlich könnte es auch sein, dass es Dinge gibt, die der Hund von sich aus anbietet und die man zu einem eigenen Trick ausweiten kann. Solche Tricks führt der Hund meist besonders gerne vor.

Wenn sich ein Hund auch mit einem fremden Menschen auf eine Spielrunde einlässt, ist das ein sicheres Zeichen dafür, dass er gerne Kontakt aufnimmt.

Talente richtig fördern

Sie sind sich sicher, dass Sie die Talente Ihres vierbeinigen Kameraden richtig einschätzen können. Wie gehen Sie nun weiter vor? In diesem Buch sind eine Fülle von verschiedenen Tricks enthalten. Für Trainer wie Hund ist es leichter, wenn Sie Begabungen nutzen. Fangen Sie mit einem Trick an, für den der Hund offensichtlich begabt ist. Vergeuden Sie nicht die Chance, die Schulung von Anfang an für den Hund positiv zu gestalten.

Der richtige Trick

Stellen Sie Tricks, die Ihnen zwar besser gefallen würden, für den Hund aber schwerer wären, zurück. Können Sie den Hund nicht eindeutig einer bestimmten Kategorie zuordnen, lassen Sie ruhig Ihr Gefühl sprechen. Die beiden wichtigsten Kriterien für die Auswahl eines Tricks sind die Beobachtungen, ob Ihr Hund lieber schnell arbeitet oder lieber etwas langsamer. Suchen Sie einen Trick aus, der dem Temperament des Hundes entgegenkommt.

Schwierigkeiten langsam steigern

Bei der Talentsuche nach neuen Filmhunden wird immer wieder deutlich, dass auch Hunde, die schwierige Tricks unter gewohnten Bedingungen zu Hause und ohne Publikum freudig ausführen, Probleme bekommen, wenn auch nur eine fremde Person anwesend ist. Diese Tatsache ist nicht alleine von der Unsicherheit des Hundes abhängig. Ja es scheint, dass es weit mehr die Aufgeregtheit von Herrchen oder Frauchen ist, die den Hund verunsichert. Es ist also wichtig, den Schwierigkeitsgrad auch für den Menschen schrittweise anzuheben.

Der richtige Ort

Üben Sie zunächst zu Hause oder immer an einem bekannten Ort vorerst ohne Publikum. Bauen Sie dann Schritt für Schritt Schwierigkeiten ein. Es ist sinnvoll, zunächst nur den Ort der Übung zu wechseln und erst dann den Hund den Trick auch vor anderen Personen ausführen zu lassen. Und wählen Sie zunächst Be-

Die richtige Belohnung für den Hund

Es gibt Hunde, die sehr verfressen sind, andere ziehen ein Spiel vor. Wenigen genügt eine Belohnung nur mit Worten oder durch Streicheln. Finden Sie heraus, zu welchem Typ Ihr Hund gehört. Für die meisten Hunde ist Futter die beste Motivation. Die Hüfttasche ist ein guter Aufbewahrungsort für Belohnungshappen. So sind die Gutis immer schnell zur Hand. Der Hund sollte allerdings für die Tricks nicht auf die Tasche fixiert sein.

kannte aus, die der Hund und Sie gut kennen. Und nehmen Sie Personen, von denen Sie wissen, dass Sie oder Ihr Hund nicht herb kritisiert werden, wenn etwas nicht funktioniert. Ihrem Hund wäre solch eine Kritik gleichgültig, aber Sie selbst könnte sie unnötig verunsichern.

Bis Ihr Hund den Trick unter bekannten Bedingungen in Perfektion ausführt und so auch Sie die nötige Sicherheit haben, sollten Sie alle Schwierigkeiten nur Schritt für Schritt erhöhen. Sie wählen also nicht einen neuen Ort zum Üben und laden gleichzeitig Publikum ein. Begnügen Sie sich mit Ihrem Wohnzimmer und ein paar Freunden. Aber lassen Sie sich Zeit und warten Sie ab, bis bei Ihrem Hund wirklich alles sitzt.

Am Filmset

Filmtiertrainer und Filmtiere müssen sehr flexibel sein. Die Übungsmöglichkeiten am Set sind oft sehr knapp. Manchmal stehen Tieraktionen nicht einmal im Drehbuch, sondern werden beim Drehen nach Wunsch des Regisseurs erst eingefügt. Dann muss der Trainer auf gute Grundlagen beim Hund zurückgreifen können, um auch improvisieren zu können.

Welche Lehrmethode ist für meinen Hund die beste?

Es gibt eine Fülle von Angeboten, wie man einem Hund etwas beibringen kann. Hier ist nicht der Raum, um auf alle Trainingsmethoden einzugehen. Im Wesentlichen unterscheiden sich die Methoden nicht allzu sehr, solange sie auf einer tierpsychologisch richtigen Basis stehen. Das heißt, dass nie Gewalt angewendet und der Hund dennoch zur Disziplin erzogen wird.

Hunde lieben es, sich der Aufmerksamkeit ihres Menschen sicher sein zu können. Auch wenn Ihr Hund das Spielen liebt, tut Streicheln der Seele gut.

Die Arbeit mit dem Clicker bietet die Möglichkeit, den Hund unabhängig von der Stimme für eine Handlung zu belohnen.

Gleiches gilt aber auch für den Lehrer. Kein Tiertrainer kann erfolgreich sein, der nicht große Selbstdisziplin übt und Ungeduld aus dem Training verbannt. Eine konzentrierte, aber dennoch unverkrampfte Geisteshaltung ist am förderlichsten. Wichtig ist, dass die jeweilige Lehrmethode zum Menschen passt und natürlich auch zum Hund. Für den Aufbau eines Hundes ist es besser, bei einer bewährten Methode zu bleiben, als immer wieder Neues auszuprobieren. Das könnte den Hund nur verwirren. Und vergessen Sie den Humor nicht. Er bringt ein Stück Leichtigkeit in die Arbeit, die Ihnen selbst und Ihrem Hund guttun wird.

Das Clickertraining

Für jede Art von Tricks, die der Hund von selbst anbietet, sind die Stabilisierung und der letzte Schliff auch für Anfänger sehr gut durch das Clickertraining zu erreichen. (Clickerexperten mögen mir diese Vereinfachung und das Außerachtlassen des Formens verzeihen.) Auch die kleinsten Ansätze einer richtigen Bewegung können mit einem

Mein Rat

Das Clickern ist eine feine Sache, wenn es gekonnt ausgeführt wird. Gerade für die Arbeit mit Filmtieren kann das Clickern hilfreich sein. Der Trick dabei ist, dass der Hund durch ein Vortraining konditioniert wird, das Klicken eines Knackfrosches mit einer Belohnung zu verbinden. Später ist der Klick alleine schon eine Belohnung für den Hund und eine positive Bestätigung für sein Tun. Wenn Sie aber mit der Clickermethode nicht vertraut sind, stehen Ihnen für die Tricks in diesem Buch genug andere tierpsychologisch korrekte Methoden zur Verfügung. Für den Umgang mit Haushunden ist es kein Muss, aber eine große Erleichterung.

raschen Click bestätigt werden, dem eine Belohnung folgt. Der große Vorteil des Clickertrainings ist eine sehr punktgenaue Bestätigung, die unabhängig von der Stimmungslage in der Stimme des Menschen ist.
Die meisten der hier vorgestellten Tricks basieren auf ganz natürlichen Verhaltensweisen, die man nur in die richtigen Bahnen leiten muss. Sie bieten sich für das Clickern an. Da aber nicht alle Leser vertraut mit der Methode sind, habe ich auf eine eingehende Schilderung des Aufbaues mit dem Clicker verzichtet. Wer dennoch mit dem Clicker arbeiten möchte, kann generell jede Bestätigung mit Lob durch einen Click ersetzen. Grundvoraussetzung dafür ist aber, dass der Hund den Click bereits fest mit der positiven Belohnung verknüpft hat. Nicht zu empfehlen ist eine Kombination von Clickern und anderen Lehrmethoden.

Hunde sind Bewegungsseher

Hunde achten sehr genau auf Körpersignale. Machen Sie sich das zunutze. Arbeiten Sie nicht nur mit der Stimme, sondern auch mit Körperzeichen.

Tricks ohne Trick

Wie festige ich Tricks, die der Hund von sich aus zeigt? Vielleicht hat sich Ihr Hund von sich aus angewöhnt, immer wenn Sie den Mantel anziehen, seine Leine zu bringen. Das ist ein netter Trick und eine beachtliche Leistung für den Hund, der herausgefunden hat, dass die Leine ein wichtiger Bestandteil zum Gassigehen ist. Spazierengehen ist für den Hund eine willkommenen Tätigkeit. Oder Ihr Hund zeigt in bestimmten Situationen eine ungewöhnliche und lustige Körperhaltung.

Den Auslöser finden

Also warum nicht das Ganze zu einem vorführreifen Trick ausbauen? Zunächst müssen Sie herausfinden, wann genau Ihr Vierbeiner sich in Szene setzt. Notieren Sie sich den Auslöser und setzen Sie ihn geschickt für den Aufbau ein. Es kommt darauf an, die Performance im Laufe der Zeit von diesem Auslöser zu entkoppeln. Stattdessen soll der Hund seine Künste auf Hör- und Sichtzeichen vorführen. Nehmen wir ein Beispiel: Jagdhund Attila hat die Angewohnheit, seine Vorderpfoten elegant zu überkreuzen, sobald er angespannt dasitzt und auf sein Spielzeug (z. B. ein Ball) wartet. Sie wollen diesen Trick ausbauen, um vorführen zu können, wie gesittet Ihr Hund sich benehmen kann.

Ein Hörzeichen einführen

Als Erstes müssen Sie sich ein geeignetes Hörzeichen ausdenken. In diesem Fall könnte es HÜBSCH sein. Was nicht funktioniert: dem Hund das Bein mit der eigenen Hand in Position bringen. Stattdessen müssen wir den ursprünglichen Auslöser, den Ball, durch das Kommando ersetzen. Zunächst verwenden wir beides gleichzeitig. Attila sitzt, wir zeigen ihm den Ball und sagen gleichzeitig HÜBSCH. Attila verschränkt die Beine. Wir wiederholen HÜBSCH mit lobendem Tonfall. Der Hund sieht den Ball und hält seine Position.
Jetzt geht es darum, den Ball aus dem Spiel zu bringen. Zunächst sieht Attila den Ball noch und hört das Kommando HÜBSCH. Dann bringen wir

Er hat die Angewohnheit, die Beine elegant zu kreuzen.

Mit Hörzeichen zeigt Attila einen charmanten Trick.

den Ball langsam aus der Sichtweite von Attila und verstecken ihn kurzzeitig hinter dem Rücken. Hält Attila die Stellung, wird kräftig gelobt. Für die Formung von solchen Kunststücken braucht man viel Geduld und Ausdauer. Nur stete Wiederholung bringt den Erfolg. Jeder kleine Fortschritt muss belohnt werden. Am erfolgversprechendsten für solch eine Umschulung sind alle Verhaltensweisen, die der Hund mit einem Objekt verknüpft, also zum Beispiel einem Spielzeug oder Futter. Situationen, also zum Beispiel das Gassigehen, sind weniger leicht mit einem Hörzeichen zu verknüpfen. Mein Tipp: Versuchen Sie es nur, wenn Sie die betreffenden Situationen selbst herbeiführen können. So können Sie den Trick kontrolliert üben und gegebenenfalls auch einmal öfter wiederholen. Zur sicheren Verknüpfung ist dies nötig.

Hör-, Sichtzeichen und Kommandos

Trickhunde sollten auf Hör- und Hand- beziehungsweise Sichtzeichen reagieren. Als Zusammenfassung für beide werde ich in diesem Buch das Wort »Kommando« oder »Zeichen« verwenden. Ob Sie die Kommandos verwenden, die ich vorschlage, oder sich eigene ausdenken, bleibt Ihnen überlassen. Achten Sie aber darauf, dass sich die einzelnen Kommandos gut unterscheiden lassen, und bleiben Sie bei einem Zeichen.

Die Trainingspraxis

Mit Spiel und Spaß zum Ziel

Bevor ihr Vierbeiner erfolgreich Tricks lernen kann, steht die Grundschule an. SITZ, PLATZ, BLEIB und HIER dürfen keine Schwierigkeiten bereiten. Durch diese Übungen hat der Hund gelernt, mit dem Menschen zusammenzuarbeiten. Er kennt die Regeln und weiß, dass es sich lohnt, ein folgsamer Hund zu sein. Ihr Hund bemerkt, dass Sie Leckerbissen oder Spielzeug zurechtlegen? Er weiß, dass er lernen darf.

Tricks machen locker

Für viele Hunde, die durch einen rohen Vorbesitzer verdorben worden sind und zu Angstaggression oder Unterwürfigkeit neigen, ist das lockere Üben von leichten Tricks sogar eine gute Möglichkeit, einen unverkrampften Zugang zu der gestressten Hundeseele zu finden. Grundlegende Dominanzprobleme müssen aber vor dem Beginn einer Laufbahn als Trick-Dog geklärt sein.

In welchem Alter beginnen?

In welchem Alter sollte man mit dem Tricktraining beginnen? Ein Welpe braucht Zeit heranzureifen. Ihm fehlt für die meisten Tricks die nötige Konzentration und auch die Körperbeherrschung. Alles, was der junge Hund von selbst anbietet, kann behutsam geformt werden. Und wenn Susi nicht mehr ganz jung ist? Macht nichts! Was Hänschen nicht gelernt hat, kann Hans allemal noch lernen, solange er körperlich fit ist. Selbst Hunde, die 5 Jahre oder älter sind, sind noch bereit für eine Show-Karriere. Besonders Secondhand-Hunde, die vorher vernachlässigt wurden, springen gut an, wenn es ums Lernen von Kunststückchen geht.

Der Trainingsaufbau

Wenn Sie Ihrem Hund nur den einen oder anderen Trick beibringen wollen, müssen Sie sich nicht den Kopf über einen Trainingsaufbau zerbrechen. Suchen Sie sich einfach das für Ihren Hund Passende heraus. Um wahren Trick-Dogs und vor allem

Kinder und Welpen sind meist dicke Freunde.

Mein Rat

Wem es gelingt, seinem Hund Tricks beizubringen, der wird auch mit dem allgemeinen Gehorsam wenig Probleme haben. Erfolgserlebnisse schweißen zusammen und stärken die Bindung zwischen Hund und Mensch.

Filmhunden zum Erfolg zu verhelfen, sollte man sich zunächst ein paar Gedanken über die Abfolge des Lernstoffes machen. Sehr viele Tricks basieren auf dem Gebrauch der Pfote(n), verlangen ausdauerndes Apportieren, Springen oder andere körperlich anstrengende Tätigkeiten wie das Kriechen. Stellen Sie das Programm so zusammen, dass der Hund nicht überlastet wird. An einem Tag können Sie ruhig 2 oder 3 verschiedene Tricks üben. Es hat sich bewährt, den Plan so zu gestalten, dass Sie alle Tricks aus dem gleichen Formenkreis (zum Beispiel alle Pfoten-Tricks oder alle Apportier-Tricks) zusammenhängend über Tage üben, da sie aufeinander aufbauen. Vermeiden Sie aber am Anfang, Tricks mit der gleichen Grundlage an einem Tag zu mischen. Das erleichtert dem Hund das Lernen, bis er alle Kommandos sicher unterscheiden kann. Es würde nur unnötig Verwirrung stiften, zum Beispiel die Übungen Pfote-Geben und Give me five in einer Sitzung zu üben.

Die richtige Zeit am richtigen Ort

Legen Sie die Trainingsstunden auf jeden Fall vor die Fütterung und nicht direkt nach einem ausgedehnten Spaziergang. Die Lernbereitschaft der meisten Hunde ist nicht abhängig von der Tageszeit. Es ist in der Regel eher eine Gewohnheit, wann der Hund ruht und wann er aktiv ist. Günstig ist ein Splitting in 2 kurze Übungseinheiten pro Tag à 20 Minuten. Haben Sie mit Ihrem Hund Ambitionen auf eine Schau-

Golden Retriever Camilla ist stets zur Mitarbeit bereit und freut sich aufs Lernen.

spiel-Karriere, ist es nicht ausreichend, immer nur an einem Ort zu üben. Hunde gewöhnen sich an gleichbleibende Ablenkungen sehr schnell. Schon viele talentierte Vierbeiner haben das erste Mal vor der Kamera versagt, wenn der Trainer es versäumt hatte, auch einmal zum Beispiel in der Fußgängerzone einer Großstadt zu üben.

Der richtige Umgang mit Fehlern

Macht der Hund einen Fehler, sollte der Mensch sich dessen bewusst sein, dass die Fehlerquelle meistens bei ihm selbst liegt und der Hund nur auf ein missverständliches Zeichen falsch reagiert hat. Wut und Zorn haben beim Lehren nichts verloren. Sie sind die größten Hindernisse auf dem Weg zum Ziel. Denken Sie immer daran, dass der Hund einen Fehler nicht absichtlich macht, nur um Sie zu ärgern. Das lässt das Sozialverhalten des Hundes nicht zu. Immer spielt in diesen Fällen menschliche Interpretation eine Rolle.

Nur keinen Ärger aufkommen lassen

Dazu ein Beispiel: Sie wollen dem Hund beibringen, sich alleine auf ein Sichtzeichen hin zu setzen. Erste Erfolge zeigen, dass der Hund grundsätzlich bereits begriffen hat, worum es geht. Nun gilt es, das Erlernte durch Übung zu festigen. Der Hund steht mit aufmerksamer Erwartung vor Ihnen. Sie geben das Handzeichen – und der Hund legt sich hin. Zunächst hat der Hund in Ihren Augen etwas falsch gemacht. Aber dann werden Sie sich bewusst, dass Sie zwar das richtige Handzeichen für SITZ gegeben haben, aber Ihre Körpersprache etwas anderes mitgeteilt hat. Sie haben Ihren Oberkörper zu weit nach vorne gebeugt. Eine Geste, die dem Hör-/Sichtzeichen PLATZ zugeordnet ist. Ihre Zeichen waren also widersprüchlich. Und der Hund musste sich entscheiden, welchem Kommando er folgt. Er hat sich für PLATZ entschieden. Der Fehler lag also eindeutig zunächst bei Ihnen selbst. Sie würden den Hund vollständig verwirren, wenn Sie ihn nun auch noch bestrafen würden. Viel besser ist es, den Hund ruhig, ohne Kommentar und ohne das Gefühl des Ärgers zu korrigieren. Verbannen Sie die Ungeduld aus Ihrer Arbeit mit dem Hund. Stecken Sie sich klare Ziele und trainieren Sie nur, wenn Sie auch selbst dazu Lust haben. Ihre positive Stimmung färbt auf Ihre Art des Umgangs mit Ihrem Hund ab. Sind Sie glücklich und zufrieden, wird auch Ihr Hund leichter lernen. Eine Stimmungsübertragung der besonderen Art. Ein missgelaunter Trainer hat schon so manchem eigentlich aufnahmebereiten Hund das Lernen vermiest.

Trick

Mehr Motivation

Schließen Sie eine Schulstunde immer mit einem Trick, den Ihr Hund schon gut beherrscht und der ihm besonders viel Spaß macht. So ist Ihnen ein stets gut gelaunter Schüler sicher.

Mein Rat

Wenn etwas nicht klappt: Denken Sie lieber an das Konzept von Versuch und Irrtum als an Fehler. Das hilft die Sache positiv zu sehen.

Die klassischen Tricks für alle Hunde

Da macht jeder Hund gern mit

Hier kommen ein paar der besten klassischen Tricks. Wenn Sie sich entschlossen haben, die Arbeitslosigkeit Ihres Hundes zu beenden, bieten diese kleinen Kunststückchen den besten Einstieg. Sie sind nicht neu, sollten aber in keinem Repertoire eines Trick-Dogs fehlen. Und welcher Hund kann nicht Pfötchen geben? Ein Trick mit vielen Variationen. Sie sollten auf keinen Fall auf diese Standardnummern verzichten. Sie sind leicht zu lehren und Sie benötigen keine Requisiten. Schon mit diesen wenigen Tricks können Sie eine wirkungsvolle kleine Show zusammenstellen. Bei Vorführungen vor Ihren Freunden können Sie immer wieder mit Beifall rechnen. Diese überwiegend leichten Tricks bieten auch den besten Einstieg in die Welt der Trick-Dogs. Suchen Sie sich hier Tricks aus, die den Fähigkeiten und Neigungen Ihres Hundes entgegenkommen. Schnell werden Sie feststellen, welche Bewegung Ihr Hund gerne ausführt. Das könnte sein Lieblingstrick werden.

Pfotegeben, Winken, Salut, Guten-Tag-sagen

Für diesen Trick können Sie auf ein ganz natürliches Verhaltenspotenzial der Hunde zurückgreifen. Welpen führen den Milchtritt nach dem Gesäuge der Mutter aus. Jeder Welpe lernt sehr schnell, mit seinen Pfoten als Bettelgeste auch nach dem Menschen zu patschen. Das Pfotegeben ist also ein grundlegender Trick, den Sie schon ganz spielerisch dem Welpen »lehren« können. Halten Sie einen Leckerbissen oder ein begehrtes Spielzeug in der Hand außer Reichweite des Welpen. Die meisten Welpen probieren nun alle möglichen Handlungen aus, um an das Gewünschte zu kommen. Früher oder später wird er auch seine Pfoten einsetzen.

Das Pfötchengeben ist der absolute Klassiker unter den Tricks für alle Hunde.

Wie viele Wiederholungen braucht es, bis ein Trick sitzt?

Einfache Tricks wie das Pfotegeben sollten Sie nicht öfter als ca. 10-mal hintereinander üben, auch wenn der Hund mit Begeisterung mitmacht. Zeigt der Hund Unbehagen, können 5-mal oder sogar noch weniger schon zu viel sein. Wichtig ist es, nie mit einem Fehlschlag aufzuhören. Bis ein Trick wirklich sitzt, sind bis zu 200 Wiederholungen nötig. Kompliziertе Kunststückchen benötigen 500 und mehr Übungen.

Training schon mit dem Welpen

Halten Sie den Leckerbissen in der Hand, die Sie dem Hund reichen. Die geschlossene Hand zeigt mit der Handfläche nach oben. Sagen Sie zum ersten Mal in dem Moment, in dem die Pfote in der Luft ist, PFOTE und belohnen Sie den Hund sofort. Geben Sie ihm den Leckerbissen oder spielen Sie kurz mit ihm. Bald schon achten Sie darauf, dass der Kleine mit der Pfote Ihre Hand berührt. Wenn der Welpe wirklich nicht selbst auf die Idee kommt, mit seiner Pfote zu bitten, dann tippen Sie mit der freien Hand sein Pfötchen an und sagen in dem Moment, in dem er die Pfote hebt, PFOTE und geben ihm einen Happen. Darauf bauen Sie weiter auf, bis der Hund die Hand mit dem Guti berührt. Den Mechanismus: Ich muss meinem Herrchen nur die Pfote reichen und schon gibt es etwas, wird Ihr Schlingel sehr bald gelernt haben. Nun können Sie sich also vor ihn hinstellen, und auf das Hörzeichen PFOTE bekommen Sie prompt eine Pfote überreicht. Die meisten Menschen sind Rechtshänder und die meisten Hunde scheinen Linkspfoter zu sein.

Auch ältere Hunde lernen schnell

Für den systematischen Aufbau älterer Hunde verstecken Sie ein Leckerchen in Ihrer Faust. Jeder hungrige Hund wird sofort versuchen, an den Leckerbissen zu kommen, und dabei auch die Pfote einsetzen. Sobald der Hund seine Pfote bewegt, strecken Sie Ihre Hand aus und bieten ihm die Faust mit den geschlossenen Fingern nach oben an. Berührt der Hund mit der Pfote Ihre Faust, geben Sie ihm aus der anderen Hand eine Belohnung. So vermeiden Sie das Bohren mit der Schnauze.

Im nächsten Schritt entfernen Sie das Leckerli aus der zu berührenden Faust. Dann öffnen Sie die Faust allmählich, sodass die Hundepfote die Handfläche berühren kann.

Das Winken

Wenn Sie Ihrem Hund das Winken beibringen wollen, muss der Hund die Pfote praktisch nur in der Luft geben. Lassen Sie den Hund wieder sitzen. Stellen Sie sich in einer Entfernung auf, in der der Hund Sie gerade noch mit der Pfote erreichen kann. Den

Mischling Nouni versteht es immer wieder, Tricks mit einem charmanten Augenzwinkern zu zeigen.

Leckerbissen haben Sie wieder in der Hand. Aber jetzt nehmen Sie die Hand höher und drehen die Hand mit dem Rücken nach oben. Sagen Sie PFOTE, und kommen Sie dem Hund mit der Hand nur so viel wie nötig entgegen. Der Hund sollte Ihre Hand gerade noch berühren können. Dann ziehen Sie die helfende Hand bei den nächsten Übungen immer ein Stück weiter zurück, bis der Hund sie mit der Pfote nicht mehr erreichen kann und winkt. Jetzt etablieren Sie das neue Kommando WINKEN, das Sie in allen möglichen Variationen üben können: Hand als Sichtzeichen ohne Worte hinhalten. Erst die eine, dann die andere Hand mit oder ohne Worte hinhalten. Der Hund sollte einmal die rechte, dann die linke Pfote heben. Dann gehen Sie weiter weg vom Hund (1-3 m). Der Hund winkt aus der Entfernung.
Eine andere Variante des Tricks ist das SALUT! Für diesen Trick müssen Sie den Hund immer bestätigen, wenn er eine Pfote ruhig in der Luft hebt. Wichtig: Vor allem wenn der Hund aus der Entfernung gut gearbeitet hat, ist eine dicke Belohnung fällig!

Mein Rat

Wenn Sie den Hund auf ein niedriges Podest setzen, können Sie das SALUT auf Entfernung besser einstudieren. Das Podest signalisiert dem Hund, dass er auf seinem Platz bleiben soll, ohne dass Sie ihn anbinden müssen.

Guten Tag

Nun wollen Sie aber, dass der Hund einer anderen Person einen guten Tag wünscht. Bringen Sie dazu den Hund wieder mit SITZ in Position und stellen Sie sich zusammen mit der anderen Person direkt vor den Hund. Die andere Person fordert nun den Hund mit PFOTE auf, Sie zu begrüßen. Wenn der Hund nicht gleich begreift, können Sie ein wenig nachhelfen, selbst PFOTE sagen und dem Bekannten die Pfote des Hundes sozusagen in die Hand spielen. Die Belohnung kommt von Ihrem Bekannten. Schon bald wird der Hund begreifen und auch anderen Personen die Pfote reichen. Jetzt ist es Zeit, das Hörzeichen SAG GUTEN TAG ein-

Trick

Hurra – hoch die Pfote

Lehren Sie den Hund, einmal die rechte und dann die linke Pfote zu geben. Dieser Trick wird im Film auch dazu benutzt, den Hund Freude ausdrücken zu lassen. Rechte Pfote hoch, linke Pfote hoch – der Hund tanzt vor Freude.

zuführen. Sie stehen neben Ihrem Hund, die zu begrüßende Person steht Ihnen beiden gegenüber. Sie geben das Hörzeichen SAG GUTEN TAG, und die andere Person hält dem Hund die Hand hin. Schon bald werden Sie ein Musterbeispiel an einem höflichen Hund haben, der auch viel weniger in Versuchung kommen wird, an einer Person zur Begrüßung hochzuspringen. Ein erfreulicher Nebeneffekt dieses netten Tricks.

Give me five, Give me ten und High five

Diese 3 Tricks bauen aufeinander auf. Beginnen Sie immer mit Give me five. Als grundlegende Übung sollte der Hund das Pfötchengeben beherrschen. Dann ist der Trick sehr leicht zu lehren. Der Hund weiß nun schon, dass er Ihnen die Pfote in die Hand geben soll. Im Vergleich zum Pfötchengeben müssen Sie nun nur Ihre Handposition allmählich ändern. Sie wird ein wenig gegen den Uhrzeigersinn gedreht und dann in ganz kleinen Schritten zum Indianergruß erhoben. Belohnen Sie den Hund für jede Berührung Ihrer Hand und gehen Sie Zentimeter für Zentimeter vor, bis der Hund die flache Hand mit der Pfote berührt.

Mischling Johnny zeigt den Trick Give me five in Vollendung. Die Pfote ist gut ausgestreckt.

Give me five mal links, mal rechts

Wie beim Pfötchengeben kann der Trick ausgebaut werden. Zunächst üben Sie immer erst mit der gleichen Hundepfote an die gleichseitige Menschenhand. Sonst verwirren Sie den Hund. Im zweiten Teil des Tricks lernt der Hund die rechte von der linken Hand zu unterscheiden. Wenn rechts GIVE ME FIVE das Hörzeichen war, dann kann links ANOTHER FIVE das Signal sein. Der Hund lernt aber auch zu unterscheiden, dass die ihm gezeigte rechte Hand (Antwort mit der linken Hundepfote) zu unterscheiden ist von der linken Handfläche für die rechte Pfote.

Wie das Abklatschen – Give me ten

Give me ten ist eine nette Variante des Tricks. Voraussetzung ist, dass der Hund beidseitig Give me five geben kann. Darüber hinaus ist es von Vorteil, wenn das Männchenmachen kein Problem mehr für den Hund ist. Für Hunde mit einem langen Rücken ist dieser Trick nicht sehr geeignet, außer sie verfügen über eine große Portion Gleichgewichtssinn.
Sie wollen die rechte und die linke Hand heben. Der Hund berührt beide Hände gleichzeitig. Lassen Sie sich nicht entmutigen, wenn der Hund sich zunächst einmal verwirrt zeigt. Bis jetzt hat er immer nur eine Pfote benutzt. Ihr Schüler wird Ermunterung nötig haben, beide Pfoten zu heben. Loben und belohnen Sie ihn anfangs für die kleinste Sequenz in die richtige Richtung. Selbst wenn er beide Pfoten nur bewegt und vorerst noch nicht treffsicher ist.

Der sprungfreudige Johnny hat auch das High five schnell gelernt.

Für die sprungfreudigen Hunde

High five ist nur für mittelgroße bis große Hunde geeignet. Dabei springt der Hund in die Höhe und klatscht seine Pfoten gegen beide Hände. Grundlage ist ein sicheres Give me ten. High five ist eine Übung mit viel Elan. Nach richtigem Aufbau ist es für Ihren Hund ein lustiges Spiel, Ihre Handflächen zu treffen, auch wenn Sie aufrecht stehen. Als besonders Zeichen für den Hund, dass jetzt gleich Aktion gefragt ist, kann man in die Hände klatschen und dann erst die Handflächen anbieten. Eine akrobatische Steigerung von High five ist der Sprung in die Höhe, bevor sich Hundepfoten und Hände treffen. Dafür muss der Vierbeiner allerdings besonders sprungfreudig sein.

Können Hunde rechts und links unterscheiden?

Hunde haben wie Pferde eine Schokoladenseite, die sie bevorzugen. Nutzen Sie diese Seite bevorzugt. Einem Hund die Hörzeichen RECHTS und LINKS beizubringen ist mühsam, und der Versuch auch nur dann von Erfolg gekrönt, wenn Sie selbst nicht zu jenen Zeitgenossen gehören, die rechts und links immer wieder durcheinanderbringen.

Männchen, Be Pretty

Diesen Trick können nicht alle Hunde vorführen. Manche sind physisch besser ausgerüstet als andere. Für diese gymnastische Übung eignen sich vor allem kleine bis mittelgroße Hunde mit kurzem Rücken. Kleinen Hunden fällt es leichter, die Balance zu halten. Für einen größeren Hund ist die Übung gar nicht so einfach. Er soll mit geradem Rücken auf seinem Hinterteil sitzen und die Vorderbeine anwinkeln. Anfänger schaffen es oft noch nicht, den Rücken zu strecken. Die gekrümmte Haltung ist instabil und erfordert einen viel zu großen Kraftaufwand. Die beste Motivation für den Hund ist auch hier wieder Futter, das man dem Hund vor die Nase hält.

Den Balanceakt unterstützen

Uns stehen 3 Möglichkeiten der Hilfestellungen zur Verfügung. Bei Hunden, die unserer Vorstellung von MÄNNCHEN schon nahe kommen, kann man mit viel Feingefühl mit der Leine nachhelfen. Sanfte Hilfestellung mit der Leine zeigt dem Hund die richtige Haltung. Auf keinen Fall darf

Pudel Sayman fällt es als kleinem Hund leicht, schön Männchen zu machen. Kleine Hunde brauchen weniger Hilfestellungen.

Für Hunde, die Körperkontakt lieben, ist die Bein-Methode für das Lernen des Männchenmachens die geeignetste.

man den Hund an der Leine hochziehen.
Die Hand mit dem Futter animiert den Hund, sich aufzusetzen. Beginnen Sie im SITZ und zeigen Sie dem Hund den Futterbrocken vor seiner Nase. Führen Sie die Hand mit dem Futter langsam nach oben. Die Leine hilft dem Hund, die Balance zu halten, bis er gelernt hat, seine Muskeln in neuer Kombination zu gebrauchen. Manche Hunde sind Naturtalente, andere brauchen längere Übung, damit sie diese unnatürliche Position meistern.
Lassen Sie es zunächst zu, dass der Hund die Vorderpfoten aufzusetzen versucht. Zeigen Sie Ihrem Schüler dann, dass er auch ohne Stütze die Balance halten kann. Für jede Trainingssession nur ein paar Sekunden längeres Aufsitzen. Diese Übung verlangt viel Körperbeherrschung vom Hund. Die Bewegung, mit der Sie das Futter als Motivation einsetzen, wird automatisch zum Sichtzeichen für den Trick. Die Hand führt eine Bewegung nach oben aus, der der Hund automatisch folgt. Ein Senken der Hand lässt den Hund die Vorderpfoten herunternehmen.

Zimmerecke und Füße

Es gibt noch 2 andere Varianten zum Lehren des Tricks. Lassen Sie Ihren Schüler so eng wie möglich in einer Zimmerecke sitzen und helfen Sie ihm dann auf die Keulen. Mit der Rückenstütze wird es Ihrem Hund wahrscheinlicher leichter fallen, die Balance zu finden. Da er nicht nach hinten wegkippen kann, fühlt er sich sicherer, als wenn er frei sitzt.
Für Möglichkeit 3 brauchen Sie keine Zimmerecke, sondern nur Ihre Füße. Lassen Sie den Hund sitzen und stellen Sie sich direkt hinter ihn, sodass sie beide in die gleiche Richtung schauen. Ihre Füße, die Hacken zusammen, die Zehen gespreizt, liegen an seinem Hinterteil. Ihre Beine stützen seinen Rücken. Der Impuls zum Sich-Aufrichten kommt von der Leine oder besser von einem Leckerbissen. Ihr Hund fühlt sich an Ihrem Körper wohl und findet leichter die Balance.

Gib Küsschen!

Das Lecken im Gesicht gehört zu einer ganz normalen Hundeverhaltensweise. Viele Hunde versuchen bei jeder Gelegenheit, das Gesicht von Herrchen oder Frauchen abzuschlecken. Es ist eine Geste der Freundlichkeit. So eine Gewohnheit kann man schnell zum Trick ausweiten, indem man den Hund beim Küssen immer BUSSI hören lässt und ihn lobt.
Wenn Sie Ihrem Hund aus hygienischen Bedenken verboten haben, Menschen abzuschlecken, wird er sich zunächst scheuen, diesen Trick zu zeigen. Schmieren Sie ein wenig Butter oder Streichwurst an Ihre Wange. Eine Variante: Sie sitzen und der Hund stellt seine Vorderpfoten auf Ihre Knie und küsst Sie auf die Wange.

Mein Rat

Sie führen einen Trick vor Publikum vor? Dann ist es am elegantesten, wenn die Zuschauer nicht bemerken, dass Sie den Hund mit einem Leckerbissen belohnen. Kleine Wurst- oder Käsewürfel lassen sich verbergen, ohne dass die Hand geschlossen ist. Klemmen Sie den Happen so zwischen Zeige- und Mittelfinger, dass er von der Handaußenseite nicht zu sehen ist. Eine unauffällige Handbewegung, und der Hund hat seine verdiente Belohnung.

Mein Rat

Bedenken Sie, dass das Abschlecken für den Hund auch eine Geste des Vertrauens ist. Meiden Sie für den Anfang, zum Üben Personen einzusetzen, vor denen der Hund offensichtlich großen Respekt hat.

Im »Showpalast« mit Dieter Thomas Heck spielte Nouni die Assistentin von Herrn Heck. Ein Küsschen war da Programm.

Die Wurst macht's

Dann neigen Sie Ihr Gesicht auf Höhe der Hundeschnauze. Machen Sie den Hund auf die Stelle mit der Wurst aufmerksam. Sobald der Hund an der Stelle schnuffelt, loben Sie ihn. Ermuntern Sie den Vierbeiner, die Wurst abzuschlecken. Tut er es, loben Sie ihn mit Worten. Verringern Sie die Menge der Wurst allmählich, bis der Hund auch ohne Anreiz nur auf das Hörzeichen BUSSI hört. Filmtiertrainer haben oft das Problem, dass der Hund ohne viel Übungsmöglichkeit einen ihm noch fremden Schauspieler küssen muss. Das ist auch für die meisten trainierten Hunde eine Herausforderung. Nicht jeder menschliche Kollege ist so kooperativ, dass er sich Wurst ins Gesicht schmieren lässt. Die weniger schmierige Variante: Käse. Eine besondere Verführung für den Hund ist ein größeres Stück Streichwurst an der Backe. Kaum ein Hund wird widerstehen können.

Mein Rat

Lob ist ein entscheidender Motor für das Lernen. Doch man muss auch Lob dosiert einsetzen. Manchmal kann ein verfrühtes, zu kräftiges Lob den Hund aus der Lernstimmung nehmen.

Bist du ein lustiger Hund?

Alle Hunde wedeln mit dem Schwanz, wenn sie sich freuen. Diese Geste ist einfach universell im Hundereich. Aber Freude auf Kommando zu zeigen, ist gar nicht so leicht. Seien Sie sich daher bewusst, dass der Trick, auch wenn er einfach zu sein scheint, eines sorgsamen Aufbaus bedarf. Schließlich wollen wir einen Hund sehen, der voll Begeisterung wedelt und nicht mal eben schlapp den Schwanz ein wenig bewegt.

Das richtige Objekt finden

Für diesen Trick ist es besonders wichtig, die Eigenarten des Tieres genau zu kennen. Bevor Sie mit dem Training anfangen, fragen Sie sich, bei welcher Gelegenheit Ihr Kamerad am heftigsten mit dem Schwanz wedelt. Aber Vorsicht! Nehmen wir einmal an, der Hund freut sich am meisten, wenn er Gassi gehen darf. Beim Training dann den Hund mit GASSI zu Freudensausbrüchen zu bringen, ohne dass der Hund auch tatsächlich mit Gassigehen bestätigt wird, ist kontraproduktiv. Besser, Sie finden heraus, welches Objekt den Hund in Hochstimmung versetzt. Sollte es Futter sein, dann können Sie die Übungsstunde auch mit der Fütterung koppeln. Eine volle Futterschüssel motiviert stark. Spielen Sie ein wenig mit der Schüssel, bis der Hund wedelt.

Futter zieht fast immer

Eine volle Futterschüssel bringt dem Hund noch mehr Motivation als ein paar Belohnungsbrocken. Wichtig ist, dass Sie jedes Schwanzwedeln mit LUSTIG bestätigen und dem Hund die Schüssel reichen, sobald er deutlich wedelt. Bei diesem Trick ist der Abbau der Motivation besonders kritisch. In Verbindung mit der Fütterung kann der Weg folgendermaßen aussehen: Zunächst wedelt der Hund nur auf Kommando, wenn Sie ihm die Schüssel vor die Nase halten. Dann kann die Schüssel hin-

Am Filmset

Deutsch Drahthaar Olex war für die Neuverfilmung von Krambambuli vorgesehen. Beim Training für das tiefschürfende Drama um den Jagdhund zwischen zwei Herrn ergab sich schnell das Problem, dass Olex als überaus freundlicher Hund pausenlos mit dem Schwänzchen wedelte. Abhilfe schaffte erst ein langwieriges Training. Ich musste zuerst herausfinden, wann Olex nicht schwanzelte. Auf keinen Fall sollte er eingeschüchtert werden. Die Lösung brachte schließlich eine Haltung, in der Olex mit gesenktem Kopf ein Leckerchen fixierte. Nun konnte das Nicht-Wedeln in langwieriger Kleinarbeit konditioniert werden. Leider mussten die Dreharbeiten mit Olex wegen einer Verletzung abgebrochen werden.

Bei Dreharbeiten zum »Forsthaus Falkenau«. Setterhündin Yoga spielt den Hund von Christian Wolff.

Am Filmset

Kommissar Rex zeigte im Film Freude, indem er sich übermütig gedreht und seinen Schwanz gefangen hat. Der Schlüssel zum Erfolg war ein Handtuch, mit dem Rex gerne gespielt hat. Das Handtuch wurde ihm dann an den Schwanz gebunden, was einen stabilen Filmhund nicht weiter stört. Rex hat zunächst gelernt, im Spiel das Handtuch zu haschen. Dann wurde das Handtuch immer weiter abgeschnitten, bis Rex schließlich seinen Schwanz fing.

ter Ihrem Rücken versteckt sein, und schließlich ist die Schüssel ganz weggeräumt und der Hund »ruft« sie praktisch mit seinem Wedeln. Dann ist der Hund richtig

So ausgelassen macht ein Hund nur gut gelaunt seine Gymnastik. Mischling Wotan zeigt, wie es geht.

konditioniert. Zuerst mag es nur ein Zucken mit der Schwanzspitze sein, das Sie sofort bestätigen. Nach und nach wird der Hund aber kräftig wedeln. Es gibt Hunde, die eher zum Wedeln neigen als andere. Kaum ein Hund wird sich nicht dazu verleiten lassen, mit dem Schwanz zu wackeln, wenn Sie ihm die Futterschüssel richtig schmackhaft machen.

Mach Gymnastik!

In freundlicher Stimmung ist es eines der größten Zeichen des Vertrauens, wenn ein Hund seinem Menschen den Bauch zeigt, um sich genüsslich streicheln zu lassen. Je mehr Ihr Hund das Streicheln liebt, desto eher wird er sich auf das Hörzeichen SO EIN SCHÖNER BAUCH hinwerfen. Diesen Trick kann man ausbauen. Hunde wälzen sich als Wohlfühlgeste und im Übermut auch gerne auf dem Rücken. Dieses Wälzen müssen Sie jedes Mal mit MACH GYMNASTIK begleiten und mit dem Kraulen des Bauches belohnen. Ihre eigene Stimmung sollte ebenfalls freudig sein.

Zum Mitmachen anregen

Um das GYMNASTIK MACHEN auch auszulösen, wenn sich der Hund gerade nicht wälzen will, können Sie ein wenig am Boden mit Ihrem Schüler herumalbern und jede richtige Bewegung mit dem Kommando begleiten und belohnen. Um die Verbindung zwischen dem Hörzeichen und der Bewegung wirklich sicher zu machen, müssen Sie den Hund so sanft zu der Bewegung hinführen, dass er praktisch meint, das Ganze sei seine Idee gewesen – und dann die sofortige Verbindung mit dem Hörzeichen nicht vergessen und natürlich das Lob.

Die Rolle

Bei diesem Trick kommt es in erster Linie auf Ihr Geschick an, das Leckerchen richtig zu führen. Beobachten Sie, nach welcher Seite sich Ihr Hund normalerweise rollt. Hunde haben eine Lieblingsseite. Mit dieser Seite sollten Sie anfangen. Es fällt dem Hund leichter sich nach dieser Seite hin zu biegen.

Die Rolle nach rechts

Beginnen wir mit der Rolle im Uhrzeigersinn nach rechts. Legen Sie Ihren Hund PLATZ. Achten Sie darauf, dass der Hund in der Sphinxhaltung liegt. Das erleichtert das Rollen. Jetzt halten Sie einen Leckerbissen dicht neben seine linke Halsseite. Der Schüler wird den Kopf nach Ihrer Hand drehen, um an den Bissen zu gelangen. Geben Sie ihn aber nicht her. Halten Sie die Hand geschlossen. Für diesen Trick sollten Sie wirklich eine Lieblingsleckerei verwenden. Jetzt leiten Sie den Kopf des Hundes mit der Hand über seinen Rücken hinweg bis zur anderen Seite und sagen ROLL DICH. Wenn Ihr Schüler mit der Schnauze Ihrer Hand gefolgt ist, musste er sich automatisch rollen.

Fitness braucht Zeit

Dies ist ein Trick, der einige Ansprüche an das Körpergefühl des Hundes stellt. Wenn sich Ihr Vierbeiner etwas schwer tut mit dem Rollen, geben Sie ihm eine Motivationshilfe, belohnen Sie anfangs schon für eine Vierteldrehung, dann für eine halbe Drehung. Schließlich muss der Hund eine ganze Rolle zeigen, bevor er die Belohnung erhält. Vergessen Sie nicht das Hörzeichen ROLL DICH zu jeder richtig gezeigten Übung.

Das Handzeichen ergibt sich von selbst. Sobald sich der Hund mit der Hand leicht leiten lässt, können Sie dazu übergehen, die Hand mit der Belohnung allmählich weiter von der Schnauze weg zu halten. Wenn Sie nun noch darauf achten, welche Bewegung Ihre Hand bei der Übung macht, haben Sie schon ein Handzeichen etabliert. Sie vollführt eine Kreisbewegung mit der Drehrichtung, in die sich der Hund drehen soll.

Die Rolle links

Sobald die Rolle in der Lieblingsrichtung einwandfrei funktioniert, können Sie auch die andere Seite üben. Zum Einleiten der Übung gehen Sie aber, selbst wenn der Hund die Rolle rechts auch auf Entfernung perfekt zeigt, wieder einige Schritte zurück. Sie halten dem Hund den Leckerbissen wieder direkt vor die Nase. Nur dass Sie jetzt die rechte Halsseite wählen.

So übt man die Rolle richtig: Das Guti wird dem Hund direkt vor die Schnauze gehalten. Es kommt darauf an, dass der Hund, weil er das Guti haben will, über den Rücken abrollt. Der Trick verlangt eine relativ große Beweglichkeit.

Futterbelohnung richtig einsetzen

Viele Hunde motiviert die Belohnung mit Futter am stärksten zur Lernbereitschaft. Aber vergessen Sie nicht: Ein voller Magen macht faul. Welcher satte Hund arbeitet schon freudig für Futter? Achten Sie darauf, dass Sie die Übungsstunden zeitlich nie zu nah nach der Fütterung ansetzen.

Das Handzeichen für die Rolle links ist dann eine Kreisbewegung nach links. Üben Sie nun beide Richtungen aus dem PLATZ. Lassen Sie Ihren Schüler auch mehrere Rollen in die gleiche Richtung machen. BRAV und ein ausgelassenes Belohnungsspiel ist dem Schüler sicher.

Toter Hund! Peng!

Geschickt aufgeführt ist dieser Trick ein Publikumsmagnet. Sie brauchen zunächst viel Ruhe. Der Hund soll regungslos liegen bleiben, ganz gleichgültig, was um ihn herum geschieht.
Lassen Sie den Hund PLATZ gehen. Viele Hunde haben die Angewohnheit, nicht gleichmäßig in Sphinxhaltung zu liegen, sondern nach einer Seite hin abzukippen. Liegt der Hund überwiegend auf einer Seite, ist das vermutlich seine Schokoladenseite. Mit dieser Seite sollten Sie anfangen zu trainieren. Alte Gewohnheiten sollte man beachten.

Ganz ruhig bleiben

Liegt Ihr Hund PLATZ, knien Sie sich so neben den Hund, dass seine Hinterbeine zu Ihnen zeigen. Jetzt drücken Sie ihn leicht an der Schulter ins Liegen und geben das Kommando TOT oder PENG. Arbeiten Sie aber vollkommen ohne psychischen Druck. Das ist wichtig. Sobald der Hund liegt, streichen Sie ihm mit der ganzen Handfläche sanft vom Kopf bis zum Hinterteil. Sprechen Sie ganz ruhig mit ihm und versuchen Sie, dass er durch Überredung auch den Kopf auf den Boden legt. Sie müssen alles tun, damit er absolut bewegungslos liegen bleibt. Bleiben Sie zunächst bei ihm knien.

Die weiße Schäferhündin Bianca vertraut ihrem Frauchen völlig und bleibt beim TOT absolut regungslos liegen.

Am Anfang keine Ablenkung

Üben Sie am Anfang absolut ohne Ablenkung und verlangen Sie nicht zu viel. Zählen Sie im Stillen bis zehn. Gerade bei dieser Übung ist es sehr wichtig, ein Auflösungskommando zu etablieren: z. B. FERTIG oder AUF. Der Erfolg des Tricks steht und fällt mit Ihrer Geduld und der Anhebung der Anforderungen Schritt für Schritt. Sobald der

Hund unruhig wird und zum Beispiel die Pfote anhebt, legen Sie die Hand auf diese Pfote und sagen ganz ruhig NEIN – TOT. Der Hund legt die Pfote wieder ab. Lassen Sie die Hand noch kurz verharren. Alles muss mit der größten Ruhe geschehen. Liegt der Hund entspannt und regungslos auf der Seite, versuchen Sie aufzustehen. Bleiben Sie vorerst so stehen, dass Sie der Hund mit den Augen verfolgen kann, sonst verleiten Sie ihn, den Kopf zu heben. Klappt alles, dann fangen Sie an, sich hinter den Hund zu stellen, sich langsam um ihn herum zu bewegen und auch einmal über ihn hinwegzusteigen. Sobald der Hund sich an Bewegungen gewöhnt hat, können Sie zunächst leise, dann immer lauter Geräusche machen. Stehen Sie im Sichtkreis des Hundes und klatschen Sie leise in die Hände. Achtung: Begleiten Sie das Klatschen mit dem Hörzeichen TOT, damit der Hund es nicht als Aufforderung zum Aufspringen ansieht. Vermeiden Sie ruckartige Bewegungen. Sollte der Hund aufstehen, legen Sie ihn ruhig wieder hin und beginnen die Übung von Neuem.

Auflösung ist wichtig

Wenn Ihr Lehrling das Stadium erreicht hat, dass er auch dann bewegungslos bleibt, wenn Sie hinter ihm stehen und verschiedene Geräusche machen, ist die Zeit gekommen, noch mehr Ablenkung ins Trainingsprogramm einzubauen. Lassen Sie fremde Personen an dem »tot« liegenden Hund vorbeigehen und auch andere, angeleinte Hunde an ihm vorbeiführen. Filmhunde müssen oft noch mit einer besondern Schwierigkeit bei diesem Trick kämpfen. Sobald sich eine Person zu dem Hund hinunterbeugt, scheint bei allen »toten« Hunden der Mechanismus eingebaut zu sein, dass sie den Hinterfuß heben, um den Bauch zu präsentieren. Seien Sie sehr geduldig, wenn diese Situation auch bei Ihnen auftritt. Vergessen Sie nie das Auflösungskommando FERTIG, wenn die Übung vorbei ist.

Hände hoch und Peng!

Besonders wirkungsvoll lässt sich der Trick vorführen, wenn Sie vorher mit dem Finger auf den Hund zielen. HÄNDE HOCH! Der ertappte Hund setzt sich ins Männchen und hebt beide Pfoten. Grundlage für diese Haltung ist das GIVE ME TEN. Der Hund hat gelernt, im Männ-

Mein Rat

Auch wenn Sie sich schon vom Hund entfernen können: Die beiden Hände auf den Hundekörper aufgelegt, bevor das Hörzeichen FERTIG gegeben wird, festigt das absolut ruhige Liegenbleiben auf Kommando.

Mischling Johnny zeigt das HÄNDE HOCH besonders eindrucksvoll.

Am Filmset

Nicht immer haben Regisseure Verständnis für die Arbeit von Filmtiertrainern. Schäferhund Donar hatte einmal die Aufgabe, einen Hund zu spielen, der erschossen wurde. Es war ein Krimi. Die Szene spielte in einem Bordell. Als ich mit Donar am Drehort ankam, war gerade Umbau für die nächste Szene. Der Regisseur wollte sich die Leistung des Hundes vorführen lassen. In dem ganzen Trubel zwischen den Beleuchtern und Requisiteuren gab ich Donar das Zeichen für TOT. Donar legte sich hin und blieb trotz Lärm und Unruhe um ihn herum vollkommen regungslos liegen. Der etwas missmutige Regisseur blickte auf den Hund und stellte dann kurz angebunden fest: »Der atmet ja noch!« Höflich machte ich den guten Mann darauf aufmerksam, dass man keinem Tier beibringen kann, den Atem anzuhalten.

Dreharbeiten zur Serie »Tierarzt Dr. Engel«. Jacky liegt regungslos auf dem Tisch und lässt sich behandeln.

chen auf Hörzeichen mit beiden Pfoten Ihre Handflächen zu berühren. Jetzt kommt es darauf an, aus dieser Position heraus nach und nach die Hände immer weiter zurückzunehmen. Auf PENG lässt sich der tödlich Getroffene wirkungsvoll abrollen. Wenigstens sind Sie nicht der Schwierigkeit ausgesetzt, dass es dem Hund bildtechnisch gesehen die Füße wegreißt, wie es mancher Regisseur tatsächlich gerne sehen würde. Im Film wird diese Situation schnitttechnisch gelöst. Der Filmschnitt hilft, Szenen auch dann zu verwirklichen, wenn die Aktion vom Hund nicht in direkter Folge gezeigt werden kann.

Wie spricht der Hund?

Sprechende Hunde sind immer ein Publikumsmagnet. Aber bevor Sie sich mit Ihrem Vierbeiner unterhalten können, muss er lernen, auf Kommando zu bellen. Manche Hunde haben einen lockeren Hals. Ihnen fällt das Bellen leicht. Andere scheinen fast stumm zu sein, und es kostet Mühe, sie zum Lautgeben zu bewegen.

Lautgeben spielerisch

Ob Sie Ihrem Schüler das Bellen mit Futter oder einem Spielzeug beibringen wollen, bleibt sich gleich. Spielen Sie mit Ihrem Hund und enthalten Sie ihm aus dem Spiel heraus das Spielzeug oder den Leckerbissen. Die Hand lockt verführerisch vor der Schnauze und verschwindet dann geheimnisvoll hinter dem Rücken. Immer muss der Hund das Begehrte unbedingt haben wollen. Wo ist der Ball? Spielen Sie das Du-kriegst-es und Du-kriegst-es-nicht so lange, bis der Hund den ersten verzweifelten Piepser von sich gibt – GIB LAUT. Sofort wird er mit dem Spielzeug oder dem Futter bestätigt.

Etwas wehren stärkt das Begehren

Sollte sich Ihr Hund trotz aller Bemühungen beharrlich weigern, auf Hörzeichen einen Ton von sich zu geben, dann müssen Sie andere Mittel anwenden. Binden Sie den Hund an einem Geschirr an. Jetzt spielen Sie vor ihm und puschen ihn gleichzeitig so lange mit der Stimme hoch, bis er einen Ton von sich gibt. Dann erhält er sofort das begehrte Objekt. Bei Futterhunden kann man bis zur Fresszeit warten und die gefüllte Futterschüssel als Motivationsobjekt benutzen. Stellen Sie die Schüssel so vor den Hund, dass er sie gerade nicht mehr erreicht. Jetzt müssen Sie sich selber engagieren und den Hund so lange hochjubeln, bis er bellt – GIB LAUT. Natürlich erhält er sofort sein Fressen.

Dalmatinermix Duke möchte das Spielzeug in der Hand von Frauchen unbedingt haben und bellt schließlich fordernd.

Mein Rat

Der Weg zum Bellen führt über das Piepsen. Bestätigen Sie anfangs die allerkleinste Lautäußerung, auch wenn sie noch weit von einem Bellton entfernt ist.

Die Stimmungsübertragung

Eine andere schöne Methode, dem Hund das Bellen auf Kommando beizubringen, ist die Stimmungsübertragung. Suchen Sie sich am besten eine freie Fläche und setzen Sie sich neben den Hund. Schauen Sie den Hund nicht an. Ihr Blick geht in die Ferne. Plötzlich tun Sie so, als ob Sie etwas gehört hätten, was dem Hund entgangen ist. Was ist denn da? Erwartungsvoll horchen Sie. Jetzt machen Sie den Hund aufmerksam. In Ihrer Stimme liegt Aufregung.

Mein Rat

Wenn alle Methoden versagen, das Bellen zu üben, hilft es oft, dem Hund durch den Spalt einer fast geschlossene Tür die Futterschüssel oder das Lieblingsspielzeug zu zeigen und interessant zu machen. Aber Achtung: Der Hund wird an der Türe kratzen, bevor er bellt.

Party-Tricks

Das macht allen Gästen Spaß

Wer kennt nicht Lassie und bewundert den klugen Hund aus dem Fernsehen? Geben Sie Ihrer Party den besonderen Pep und bringen Sie Ihre Gäste mit Kunststückchen zum Staunen. Zirkushunde sind Sympathieträger und bringen die Leute zum Lachen. Sie können auch aus dem Fundus dieses Büchleins schöpfen und Tricks kombinieren. Lassen Sie sich vom Inhalt der Tricks inspirieren. Wo soll die Show stattfinden? Besonders wirkungsvoll ist es, wenn Sie den Hund am Abend nur 1- oder 2-mal mit mehreren Tricks auftreten lassen. Planen Sie die Show und erfinden Sie kleine Geschichten. Beifall ist Ihnen und Ihrem Vierbeiner gewiss.

Gesundheit!

Dieser einfache Trick wird leicht zum Publikumsrenner. Der Hund hört Sie niesen und eilt, um ein Taschentuch zu bringen. Das Interessanteste dabei ist, dass Sie kein weiteres Kommando benötigen, sondern der Hund schon auf Ihr Niesen reagiert. Diesen Trick werden Sie zu Hause einüben. Er lässt sich nicht so leicht irgendwo anders zeigen, da der Hund wissen muss, wo die Taschentuchbox steht.

Alles richtig in Szene setzen

Wählen Sie zu Hause vorzugsweise den Raum, in dem Sie gewöhnlich Ihre Partys feiern. Nehmen wir einmal an, dies ist das Wohnzimmer. Bedenken Sie auch, dass viele Menschen da sein könnten. Alle sollten den Hund sehen können. Daher müssen Sie sich auch gut überlegen, wo Sie die Box mit den Taschentüchern platzieren. Sie muss für den Hund gut erreichbar sein, und alle Anwesenden sollten sie ebenfalls sehen können. Am besten stellen Sie die Box wie zufällig im gleichen Raum auf.

Mischlingsdame Nouni zieht vorsichtig ein Papiertaschentuch aus der Box.

Um den Hund wirklich in Szene zu setzen, müssen Sie dafür sorgen, dass alle Anwesenden dem Ganzen Aufmerksamkeit schenken. Kündigen Sie den Trick also lieber an. Am besten, Sie führen zunächst einen anderen kurzen Trick vor.

Das richtige Werkzeug

Besorgen Sie sich eine Box mit Papiertaschentüchern, bei der das nächste Taschentuch gleich mit hochgezogen wird. Das erleichtert dem Hund die Arbeit und ist auch publikumswirksamer. Damit die Box dem Hund nicht wegrutschen kann, befestigen Sie sie am besten mit einem Doppelklebeband auf der Unterseite, so, dass man die Befestigung nicht sehen kann. Entnehmen Sie der Box ungefähr die Hälfte der Taschentücher. Damit erleichtern Sie dem Hund die Arbeit. Es ist wesentlich schwerer, ein Taschentuch aus einer vollen Box zu ziehen. Ziehen Sie zusätzlich ein Taschentuch fast ganz heraus und stopfen Sie es dann wieder locker halb zurück in die Box.

Für diesen Trick muss Ihr Hund 4 Verhaltenskomponenten erlernen:

1. die Vorderpfoten auf einen Tisch oder Ähnliches zu legen,
2. eventuell auf einen Stuhl oder die Couch zu springen,
3. das Apportieren und
4. das korrekte Abliefern des Taschentuchs.

Das 2. Element benötigen Sie eigentlich nur, wenn der Hund zu klein ist, um auf den Hinterbeinen stehend die Taschentuchbox zu erreichen. Auf der anderen Seite macht es mehr her, wenn der Trick - nach außen - komplizierter wirkt. Der Hund muss jedes einzelne Element des Tricks lernen. Sie können aber hintereinander und getrennt alle 4 Elemente in einer Übungsstunde erarbeiten.

Pfoten auf

Es ist leicht, einem Hund beizubringen, die Vorderpfoten auf einen Gegenstand zu legen. Rufen Sie den Hund zu sich, klopfen Sie mit einer Hand an die gewünschte Stelle. Dort liegt dann ein Leckerbissen. Manche Hunde wird die neue Stellung zunächst verwirren, und sie verweigern sich. Dann müssen Sie ihm sanft helfen, seinen Körper in die richtige Position zu bringen. Sagen Sie PFOTEN AUF und belohnen Sie den Hund mit dem Leckerbissen, sobald seine beiden Vorderpfoten auf dem Tisch liegen.

Hat der Hund das Grundprinzip verstanden, versuchen Sie, dass er die Pfoten immer weiter auf den Tisch legt, bis seine Hinterbeine gestreckt sind. Im nächsten Lehrschritt entfernen Sie sich langsam von der Stelle und schicken den Hund mit VORAN-PFOTEN AUF los. Die Belohnung liegt auf dem Tisch. Der Hund kann sie nur erreichen, wenn er die gewünschte Stellung einnimmt und die Pfoten auf den Tisch auflegt. Versuchen Sie einmal, den Hund aus dem nächsten Zimmer zum Tisch zu schicken.

Am Filmset

VORAN ist ein wichtiges Kommando für Filmhunde, denn Filmtiertrainer dürfen nicht ins Bild kommen. Die tierischen Schauspieler müssen sich meist weit vom Trainer lösen. Das Hörzeichen dafür ist VORAN. Die Hand weist in die gewünschte Richtung. Vor dem Dreh hat der Trainer die Möglichkeit, dem Hund die Richtung und den Endpunkt der Strecke zu zeigen.

Bei Dreharbeiten darf sich der Hund auch durch die Filmtechnik wie Kamera und Ton nicht ablenken lassen.

Auf einen Stuhl springen

Ich verspreche Ihnen, dass die guten Manieren Ihres Hundes nicht leiden, wenn er lernt, hin und wieder (!) auf Kommando (!) auf einen Stuhl oder die Couch zu springen. Sie müssen Ihrem Zögling nur absolut konsequent klarmachen, dass Stuhl oder Couch ansonsten tabu sind. Vielleicht kennt Ihr Hund schon das HOCH. Das erleichtert Ihnen die Arbeit. Der Hund ist gewohnt, auf HOCH auf einen höher gelegenen Platz zu springen. Sollte der Hund das Hörzeichen noch nicht kennen, wird er es sicher schnell lernen. Halten Sie eine Belohnung bereit. Stehen Sie so, dass der Sessel zwischen Ihnen und dem Hund steht. Klopfen Sie mit der Hand auf den Stuhl und sagen HIER-HOCH. Wenn er hochspringt, geben Sie ihm schnell die Belohnung. Für die meisten Hunde wird das kein Problem sein. Dann lassen Sie das Klopfen auf das Möbelstück weg. Nun wird es Zeit, aus dem HIER-HOCH das VORAN-HOCH einzuführen. Dazu lassen Sie Ihren Hund wieder sitzen und knien sich neben ihn. Der Hund weiß, dass auf dem Stuhl eine Belohnung liegt. Weisen Sie mit der Hand auf den Stuhl und schicken Sie den Hund mit VORAN-HOCH los. Auch das klappt – prima! Üben Sie nun das Hochschicken aus allen möglichen Entfernungen und Positionen.

Das Taschentuch bringen

Rekapitulieren Sie das Apportieren und üben Sie mit allen möglichen Gegenständen, so auch mit einem Papiertaschentuch. Geben Sie es mit NIMMS ins Maul und lassen Sie es den Hund eine Zeit tragen, bis er vertraut mit dem neuen Material ist. Dann legen Sie das Taschentuch wie gewohnt auf den Boden, treten zurück und lassen ihn das Tuch mit BRINGS aus verschiedenen Entfernungen apportieren. Zu dem Kommando niesen Sie theatralisch. Schließlich legen Sie das Tuch auf den Tisch neben der präparierten Box – BRINGS und Nieser (HATSCHI).
Sobald das Taschentuch in der Box ist, müssen Sie Ihren Schüler wahrscheinlich etwas unterstützen. Schicken Sie wie gewohnt mit dem Hörzeichen BRINGS und dem Nieser den Hund los. Sie ge-

Frauchen hat geniest. Nouni hat ohne Aufforderung ein Papiertaschentuch geholt und liefert es vorsichtig ab.

Am Filmset

Der Filmhund arbeitet an immer wieder neuen Drehorten. Jede Aktion wird vom Trainer gelenkt. Beim privaten Trick sind Sie selbst mit dem Niesen der Auslöser für das Bringen. Beim Film würde ein Schauspieler niesen, und Sie als Trainer leiten den Hund aus dem Hintergrund, ohne dass sich der Hund nach Ihnen orientieren darf. Die Hunde sind so trainiert, dass Schauspieler nur sehr selten die Auslöser für eine Aktion liefern.

Höchstes Ziel der Profiarbeit beim Film ist, dass der Zuschauer nicht bemerkt, dass und wie der Hund von einem oder mehreren Trainern gelenkt wird. Die Aktionen mit dem Schauspieler sehen vollkommen natürlich aus. Meist hängt der richtige Blick mit der Positionierung des oder der Trainer zusammen. Es ist aber auch eine Erfahrungssache des Hundes, auf die Aktionen der Schauspieler einzugehen.

hen aber mit und helfen ihm, das Taschentuch aus der Box zu ziehen. Schließlich üben Sie das Apportieren aus verschiedenen Positionen. Setzen Sie sich auch einmal hin und lassen Sie sich vom Hund bedienen. Manche Hunde begreifen schnell, allein auf das Niesen hin zu handeln, andere brauchen etwas länger. Lernen kann den Trick aber fast jeder Hund.

Der singende Hund

Nicht alle Hunde sind Gesangstalente. Mit dem richtigen Hund ist das Singen allerdings gar kein schwerer Trick - und immer ein bezaubernder. Allerdings verlangt das Lehren einige Ausdauer, bis eine Verknüpfung sicher hergestellt ist.

Setterhündin Yoga fällt ihrem Frauchen mit einem steinerweichenden Jaulen in den Ton.

Am Filmset

Wir konnten einen Drehbuchwunsch nicht erfüllen bei der Verfilmung von Krambambuli, der Geschichte vom treuen Jagdhund zwischen zwei Herrn. In seiner Hundeseele zerrissen, kann Krambambuli sich nicht entscheiden. Er sollte sich schließlich genau zwischen die beiden Männern stellen und herzzerreißend heulen. Wir haben alle nur erdenklichen Geräusche in Natur und oder auf Tonband getestet – leider ohne Erfolg. Ich habe mich sogar an mein Geigenspiel der Schulzeit erinnert. Aber Olex quittierte den Versuch, indem er verzweifelt von einer Ecke des Raumes in die andere rannte, ohne einen Ton von sich zu geben. Schließlich habe ich diese offensichtliche Tortur beendet, und die Szene musste umgeschrieben werden, da es auch kein singendes Double gab.

Wie die Sirenen singen

Bei diesem Trick kommt es darauf an, dass Sie Fantasie entwickeln und viele Geräuschquellen ausprobieren. Gut geeignet sind Flöten. Auch wenn Sie keinen Sibirischen Husky mit seinem Naturtalent besitzen, können Sie einen Heulauslöser finden. Allerdings müssen Sie darauf achten, dass die Quelle das Heulen zuverlässig

Am Filmset

Große Rollen werden immer mit mehreren Filmhunden besetzt. So werden die tierischen Schauspieler nicht müde. Verschiedene Talente können besonders genutzt werden. Und die Produktionsfirma hat die Sicherheit, dass bei Krankheit eines Filmhundes die kostspieligen Dreharbeiten weitergehen können. Ein Drehtag einer normalen Produktion kostet leicht 15 000,- Euro; Kinofilme sind ungleich teurer. Kommissar Rex wurde zeitweise von bis zu 6 Schäferhunden gespielt.

auslöst, sonst haben Sie keine Chance, den Vorgang mit einem Kommando zu verknüpfen. Erfahrungsgemäß sind es eher die hohen, durchdringenden, lang anhaltenden Töne, die zum Heulen animieren. Fast alle Hunde quittieren die Feuersirene mit hinreißendem Gesang. Scheinbar erinnert der Ton unsere Vierbeiner an das Lied ihrer Vorfahren, mit solch einer Inbrunst und Sehnsucht kommt der Ton aus der Hundekehle. Nun ist es leider nicht praktikabel, auf die Feuersirene zu setzen. Aber es gibt kleine Megaphone, die als Zusatzfunktion eine Sirene eingebaut haben. Manche Hunde reagieren sehr gut auf diese Töne. Achten Sie aber stets darauf, dass Sie die Sirene nicht zu dicht am Hundeohr abspielen.

Der richtige Ton macht's

Probieren Sie ruhig auch die eigene Stimme aus. Ihr hohes C könnte genau das richtige sein. Trifft der Ton, wird der Hund seinen Kopf in den Nacken werfen, die Schnauze auf 45 Grad Neigung stellen und mitsingen. Machen Sie sich keine Gedanken über das Publikum. Auch wenn Ihr Gesang nicht opernreif sein sollte. Ihr Hund wird Sie mit seinem Heulen herausreißen, und das Publikum applaudiert.

Ein Gläschen Champagner gefällig?

Überraschen Sie Ihre Partygäste mit einem vierbeinigen Kellner, der galant den Champagner serviert. Für den Trick muss der Hund apportieren können. Als Champagnerkellner kommen nur sehr große und kräftige Hunde in Betracht. Schließlich müssen sie lernen, eine große Flasche Champagner in einem Sektkübel zu servieren, ohne dass der Kübel am Boden schleift. Nicht alle Hunde sind zum Apportieren geboren. Und der schlenkernde Kübel ist auch für geübte Apportierer zunächst ungewohnt. Der Erfolg ist aber nur eine Frage der Geduld. Umwickeln Sie den Henkel mit Stoff oder Leder.

Den Sektkübel schrittweise schwerer machen

Wenn der Hund den leeren Kübel tragen gelernt hat, füllen Sie nach und nach immer mehr Gewicht hinein. Schließlich ist Herkules so weit, dass er den Kühler mit einer leeren Flasche trägt.

Mein Rat

Wenn der Hund Vorbehalte hat, den ungewohnten Sektkübel mit einer schweren Flasche darin ruhig zu tragen und zu bringen, erhöhen Sie einfach die Motivation. Belohnen Sie den Hund für braves Bringen nicht mit kleinen Futterbrocken, sondern mit seiner gefüllten Futterschüssel. Sie haben dann zwar nur 1 Übungsmöglichkeit, aber Sie werden Augen machen, welchen Motivationsschub die Methode bringt.

Rottweilerrüde Crieou ist als großer starker Hund prädestiniert für den Job als Kellner. Er liebt seine Aufgabe.

Fügen Sie nun nach und nach Eis dazu. Der Hund ist nun an immer schwerere Gewichte gewöhnt. Wiegen Sie den Sektkübel mit der geplanten Flasche und dem Eis einmal ab. So haben Sie einen wichtigen Anhaltspunkt, wie weit Ihr Training gehen muss. Eines Tages werden Sie dann die leere Flasche ersetzen.

Haben Sie Geduld, bis die Show perfekt ist

Bei sehr eifrigen Hunden können Sie schließlich auf das Umwickeln des Henkels verzichten. Nicht alle Hunde nehmen gerne Metall in den Fang. Auf die Partygäste wirkt der Trick so aber besser. Verkneifen Sie es sich, den Trick aufzuführen, bevor er wirklich hundertprozentig sitzt und Ihr Hund den vollen Kübel wie selbstverständlich trägt. Dann aber setzen Sie Ihren vierbeinigen Kellner so richtig in Szene. Bitten Sie Ihre Gäste, Platz zu nehmen. Der Hund wartet (eventuell mit

Trick

Applaus einbauen!

Dieser Trick ist so gut, dass Ihre Gäste vermutlich applaudieren werden. Üben Sie das Klatschen. Viele Hunde sind so irritiert, dass sie sich ablenken lassen und ihre Aufgabe vergessen oder gar den Kübel fallen lassen. Tosender Applaus kann einen Hund auch verschrecken. Es ist besser, ihn schrittweise an das Geräusch zu gewöhnen.

Wie komplex dürfen Hörzeichen sein?

Je einfacher, klarer und besser von anderen Hörzeichen unterscheidbar ein Kommando ist, desto besser. Im Laufe des kontinuierlichen, jahrelangen Trainings werden Sie feststellen, dass der Hund immer aufmerksamer wird. Schließlich werden Sie das Gefühl haben, dass der Hund ganze Sätze versteht. Wahrheit oder Wunschtraum? Manchmal kommt man ins Grübeln.

Am Filmset

Das PFOTEN AUF ist eine grundlegende Übung für Filmhunde . Es gibt immer wieder Aktionen, die verlangen, dass der Hund mit den Pfoten genau an einem bestimmten Ort verharrt, oft zu Beginn der Szene. Ausdauer von 1 Minute und mehr ist gefragt, wenn der Hund mit aufgelegten Pfoten im Bild ist und währenddessen noch andere Aktionen laufen.

einer Hilfsperson) in einem Nebenzimmer. Kündigen Sie dann einen Aperitif an und rufen den Hund, der mit dem Sektkühler hereinkommt. (Achten Sie auch schon beim Üben darauf, dass der Hund den Kübel wirklich erst auf Kommando AUS abgibt! Es wäre schade, wenn die Wirkung des Tricks verpuffen würde, weil Ihnen der Hund seine Last einfach vor die Füße fallen lässt.)

Der betende Hund

Ihre Party ist im Gange. Die Stunde naht, zu der Ihr Hund seinen großen Auftritt hat. Kündigen Sie die Show an. Im Hintergrund steht der vierbeinige Künstler und betet vor der Vorstellung um gutes Gelingen. Lacher sind Ihnen gewiss.

Die Pfoten richtig aufstützen

Der Trick verlangt allerdings ein paar Vorkenntnisse. Zunächst muss Ihr Hund lernen, das Kommando PFOTEN AUF auszuführen. Der Hund soll dabei auf den Hinterbeinen stehend seine Vorderpfoten nebeneinander auf eine feste Erhöhung (Tisch, Mauer etc.) legen. Die Stelle darf natürlich nur so hoch sein, dass der Hund, ohne sich übermäßig strecken zu müssen, bequem hinaufgelangen kann. Es hängt auch von der Größe des Hundes und der Höhe der Auflage ab, ob Ihr Schüler aus dem SITZ heraus oder auf den Hinterpfoten stehend beten soll. Für kleine Hunde kommt meist nur Letzteres in Frage. Für manche Hunde ist es eine Hilfe, wenn Sie Ihrem Vierbeiner zum Lernen die Pfoten auf Ihrem Schoß aufliegen lassen. Setzen Sie sich auf einen Stuhl. Lassen Sie den Hund vor sich sitzen. Jetzt animieren Sie ihn, sich mit den Pfoten auf Ihre Oberschenkel zu stellen. Es kann leicht sein, dass Ihr Hund zögert, seine Pfoten auf Ihren Schoß zu legen. Er hat schließlich gelernt, keine Menschen anzuspringen. Nehmen Sie ihm für diesen einen Fall die Bedenken und locken ihn mit einem Leckerbissen so, dass er die Pfoten auf Ihren Schoß legen muss, um an den Bissen heranzukommen. Sagen Sie dazu PFOTEN AUF und klatschen Sie mit der freien Hand auf

Das Beten könnte man in einer Show vor einem anderen Trick einbauen. Der Hund betet vor der Vorstellung.

den Schoß. Der Hund wird schnell begriffen haben, was er tun muss, um das Leckerli zu bekommen. Wichtig ist, dass der Hund eine Zeit in dieser Stellung verharrt - BLEIB.

Der Leckerbissen führt den Kopf

Jetzt halten Sie den Leckerbissen so zwischen die Vorderpfoten, dass der Hund den Kopf senken muss, um an den Bissen zu gelangen. Achten Sie dabei darauf, dass er nicht mit den Vorderbeinen einknickt. Verbinden Sie den Vorgang mit dem Hörzeichen BETEN. Für die ersten Male ist es ausreichend, wenn der Hund nur den Kopf bei gestreckten Vorderpfoten senkt, noch ohne ihn zwischen die Pfoten zu nehmen. Aber der Kopf muss wirklich tief stehen, bevor Sie die Belohnung

Am Filmset

Das PFOTEN AUF kann im Film auch dann nützlich sein, wenn der Hund in einer Einstellung einen bestimmen Weg gehen soll und dann punktgenau an einer Stelle verharren muss. Solange es die Kameraeinstellung erlaubt und die Pfoten des Hundes nicht im Bild sind, kann man an der entsprechenden Stelle eine Holzlatte auf den Boden legen. Der Hund hat gelernt, auf dieser Latte mit den Vorderpfoten zu verharren.

aus der Hand herausrücken. Mit dem Hörzeichen AMEN-FERTIG lösen Sie die Übung auf. Später soll nur das AMEN ausreichen.
Der Hund erhält den Leckerbissen und darf dann abspringen. Loben Sie ihn für seine tolle Leistung. Arbeiten Sie mit einer Erhöhung, postieren Sie sich vor den Hund und lassen die Hand mit dem Leckerbissen auch von vorne kommen. Sonst könnte sich der Hund einen Drall angewöhnen.

Hilfen abbauen

Sobald der Hund das Körpergefühl für die neue Position hat, müssen Sie die Hilfe mit der Hand abbauen. Zeigen

Am Filmset

Filmhund Nouni wurde engagiert, um in einer großen Dieter-Thomas-Heck-Show die Assistentin von Herrn Heck zu mimen. Live im Fernsehen und vor Tausenden Zuschauern in großen Hallen. Der Trainer fungierte hinter den Kulissen. Dort wurde Nouni für ihre Einsätze auf der Bühne gestartet. Manchmal gab es nicht einmal Sichtkontakt zwischen der Hündin und dem Trainer. Nun ist es Nounis Spezialität, hin und wieder nach eigenem Gutdünken das Drehbuch ein wenig zu ändern. Kein Problem – wenn es ein normaler Dreh ist und keine Live-Show. Was bleibt dem Trainer da anderes übrig als zu beten? Gottlob hat die kleine Diva einen guten Riecher. Immer wenn im Saal Gelächter zu hören war und das Publikum klatschte, konnte der Trainer sicher sein, dass Nouni einen ihrer spontanen Einfälle umsetzte. Nach der Show gab es zwar immer Lob von der Regie, aber der Puls schnellt da schon erst einmal gefährlich in die Höhe. Doch solche Schweißperlen gehören zum Job.

Sie dem Hund die Belohnung, führen Sie die Hand aber nicht mehr so weit zwischen die Pfoten. Der Hund hat richtig verknüpft und wird belohnt. Wichtig ist, dass Sie den Belohnungsbrocken dem Hund nur dann reichen, wenn der Kopf genau zwischen den Vorderpfoten ruht. Schließlich verstecken Sie die Hand mit der Belohnung und belohnen nur noch die korrekte Ausführung.

Steppen und Cancan

Wenn Sie selbst ein wenig Körpereinsatz zeigen wollen, ruft dieser Trick immer wieder die Bewunderung der Zuschauer hervor. Die Attraktion ist perfekt, wenn Sie das Ganze zu einer flotten Musik aufführen. Beim Steppen marschieren Sie auf der Stelle und heben dabei abwechselnd das rechte und das linke Bein. Der Vierbeiner sitzt oder steht vor Ihnen und ahmt mit den Vorderpfoten Ihre Bewegungen nach: rechtes Bein, rechte Vorderpfote in die Höhe, linkes Bein, linke Vorderpfote. Beim Cancan steht der Hund neben Ihnen und hebt synchron die Vorderpfoten.

Das alte »Pfotegeben« ist die Grundlage

Vorbereitend müssen Sie das Pfotegeben rechts und links üben. In Schritt eins gibt der Hund die Pfote, wenn ihm die Hand gereicht wird und gleichzeitig der Fuß gehoben wird. Ein wenig Balancierkunst gehört schon dazu, Hand und Fuß auf der gleichen Seite zu koordinieren. Ausnahmsweise haben hier Kleinhundbesitzer einen Vorteil. Je größer der Hund, um so höher muss der Fuß gehoben werden. Die Hand wird möglichst dicht über dem Fuß gehalten. Vermutlich wird der Hund anfangs etwas verwirrt wegen Ihrer merkwürdigen Körperhaltung sein. Sie haben ein Zwischenziel erreicht, wenn er die Pfote zuverlässig auf die Hand und den Fuß gibt. Üben Sie abwechselnd rechts und links und verwenden Sie immer noch das Hörzeichen PFOTE.

Die Pfote zielt auf den Fuß

Jetzt können Sie weitergehen und die Hand Stück um Stück zurückziehen. Gleichzeitig heben Sie den Fuß höher, sodass am Ende die Hundepfote auf dem Fuß zu liegen kommt. Genau diese Bewegung belohnen Sie. Bis jetzt wurde die Aktion in erster Linie durch die dargebotene Hand ausgelöst. Nun wird nach und nach der erhobene

Noch ist die Hand eine Hilfestellung. Johnny gibt seinem Frauchen die Pfote. Die Vorstufe zum Steppen.

Mein Rat

Hilfen schneller abbauen: Wenn Sie zuerst den Fuß heben und erst gleich danach die gleichseitige Hand ausstrecken, verknüpft Ihr Hund den erhobenen Fuß als neues Sichtzeichen schneller. Bald werden Sie die Handhilfe abbauen können.

Fuß zum Sichtzeichen für das Pfotegeben. Jetzt ist es soweit, dass Sie sich aufrichten können. Für den Hund bietet sich nun wieder ein neues Bild. Helfen Sie ihm anfangs noch mit der ausgestreckten Hand, während Sie den Fuß heben, auf den der Hund die Pfote legen soll.

Das Steppen

Nun sind Sie beide reif für Schritt drei. Die Pfote berührt den Fuß nicht mehr. Sie heben Ihren Fuß hoch. Der Hund ahmt die Bewegung nach und will die Pfote auf den Fuß legen. Loben und belohnen Sie sehr präzise, wenn die Pfote ihren höchsten Stand hat. Sie können ein wenig vom Hund wegrücken, und der Hund wird auf Ihre Bewegung seine Pfote in die Luft werfen.

Bis jetzt haben Sie jedes Heben der Pfote belohnt. Nun gehen Sie dazu über, das rechte und linke Bein hintereinander zu heben und erst dann zu loben. Diese Schrittfolge werden Sie nun Zug um Zug ausdehnen: Rechts-links-rechts, dann erweitern Sie noch um das linke Bein und so weiter. Jetzt steppt Ihr Hund schon ganz ordentlich mit Ihnen mit. Erhöhen Sie nun langsam die Frequenz Ihrer Bewegungen. Der Hund wird nun seine Pfoten automatisch nicht mehr auf Ihren Fuß legen.

Der Cancan

Eine Variation dieses Tricks ist der bühnenreife Cancan. Zunächst stehen Sie noch vor dem Hund und steppen mit ihm. Sehr behutsam drehen Sie sich, während Sie die Beine weiter heben, zu seiner Seite. Jeder Zentimeter ist wichtig. Vermutlich wird er versuchen, Ihnen wie gewohnt weiter in die Augen zu schauen. Loben Sie den Hund, wenn er brav steppend auf seinem Platz bleibt.

Jetzt ist das Heben des Fußes der Auslöser für die Aktion des Hundes. Frauchen und Hund sind synchron.

Ab ins Bett (sich zudecken)

Dieser Trick ist ein humorvoller Rausschmeißer für Ihre Partygäste. Es ist schon spät und selbst der Hund ist müde. Sie bitten Ihre Gäste in das Schlafzimmer. Ihr Hund weiß schon, was kommt, und springt auf das Bett. Er schnappt sich eine Wolldecke und deckt sich zu. Ende der Vorstellung. Schlafenszeit. Ist das nicht eine charmante Art, die Gäste zur Garderobe zu bitten? Selbst der Hund stellt sich darauf ein, dass nun Schluss ist.

Die richtige Decke finden

Bevor Sie Ihren Hund sprechen lassen können, muss für diesen komplizierten Trick viel geübt werden. Welcher Hund kommt schon von alleine auf die Idee, sich so gesittet zur Ruhe zu begeben? Die Wolldecke ist der Schlüssel zum Erfolg. Der Hund muss richtig begierig auf das wärmende Tuch werden. Am besten, Sie reservieren für diesen Trick eine ausrangierte Decke, die nicht zu schwer ist und auf dem Bett vom Material her gut rutscht. Eine zu leichte Decke fällt nicht richtig.

Der Hund muss es lieben, die Decke zu ziehen

Zunächst sollten Sie einmal Tauziehen spielen und kräftig mit dem Hund um die Decke raufen. Je mehr der Schnuffi zieht, desto besser. Lassen Sie ihn immer gewinnen. Wenn er will, darf er die Decke auch kräftig schütteln. Immerhin hat er sie erbeutet. Jetzt haben Sie schon die halbe Miete. Schnuffi liebt seine Decke. Animieren Sie den Hund dazu, die Decke durch den Raum zu ziehen. Es ist eine Trainingsdecke, die der Hund sonst nicht zur Verfügung hat. Jetzt gehen Sie dazu über, sich die Decke apportieren zu lassen. Sie legen sie dafür flach aus, damit der Hund lernt, die Decke am Rand zu nehmen.

Die richtige Bewegung

Nun ist Schnuffi bereit für den entscheidenden Schritt. Lassen Sie ihn auf dem Boden ins PLATZ gehen und decken Sie ihn bis zur Mitte des Körpers zu. Jetzt stellen Sie sich vor Schnuffi und fordern ihn auf, seine Decke zu bringen. Wenn Sie gut vorgearbeitet haben, wird der Hund nicht zögern, nach der Decke zu greifen. Er steht auf und bringt Ihnen das gute Stück. Bravo! Der Hund hat mit dem Nach-hinten-Greifen eben eine wesentliche Bewegung für den Trick gelernt.

Nun geht es an die Feinarbeit

Schnuffi soll nun nicht mehr aufstehen. Das kann man nur in ganz kleinen Schritten erreichen. Gehen Sie so nahe an ihn heran, dass Sie die Decke greifen können, ohne dass der Hund sich erhebt. Kommen Sie anfangs dem Hundekopf entgegen. Entscheidend ist, dass der Hund die Decke wirklich ein Stück nach vorne zieht. Dann ist es so weit, dass Ihre Hand zurückweicht.

Jetzt kann der Hund sich im PLATZ zudecken. Mit viel Feingefühl leiten Sie den Hund nun dazu an, sich auch noch mit dem Deckenzipfel im Maul hinzulegen. Geschafft.
Jetzt verlegen Sie die Übungsstunden vom Boden auf das Bett. Der Hund wird sich etwas mehr anstrengen müssen, da die Decke nicht mehr so gut rutscht.
Um den Trick wirkungsvoll vorführen zu können, müssen Hund und Decke genau am richtigen Fleck liegen. Helfen Sie dem Hund, indem Sie ihm bei der Show die Decke so drapieren, dass er sie gut zu fassen bekommt.
Lassen Sie sich Zeit, bis Sie den Trick vorführen. Er ist für den Hund schwierig und es verlangt sehr viel Geschick, bis die Decke auch genau da zu liegen kommt, wo sie soll. Lassen Sie sich nicht entmutigen – es wird Wochen dauern, bis alles sitzt.

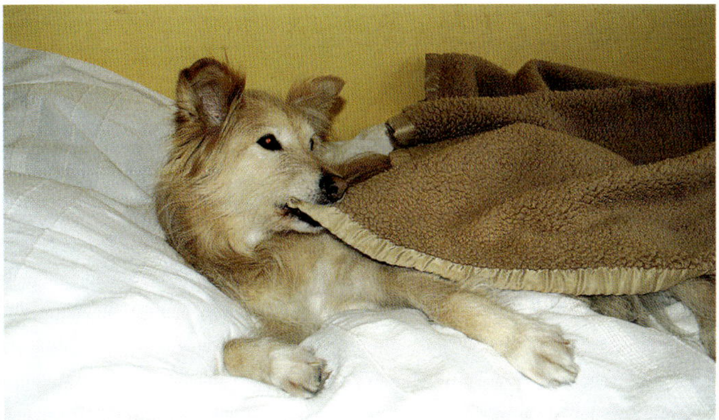

Nouni hat sich auf das Bett zur Ruhe begeben und deckt sich formvollendet mit einer Decke zu.

Mein Rat

Nähen Sie an der Stelle, an der der Hund die Decke am besten packt, ein Stoffpad ein. So weiß der Hund sofort, wo er anzugreifen hat. Außerdem kann er die Decke leichter halten und ziehen.

Trick

Zum Spaß Hörzeichen missachten

Für die heimische Show kann es sehr wirkungsvoll und lustig sein, wenn der Hund offensichtlich »unfolgsam« ist. Sie sagen »Nein, lass das«, und der Hund verstärkt seine Bemühungen nur noch. Bauen Sie Ihre Vorführung zunächst mit den richtigen Hörzeichen auf, bis der Ablauf absolut sicher sitzt. Jetzt arbeitet der Hund schon aus dem Gedächtnis. Bauen Sie die Hörzeichen langsam ab und benutzen Sie mehr Sichtzeichen und Ihre Körpersprache. Wenn Sie nun behutsam »falsche« Hörzeichen einführen, können Sie sie zunächst absichtlich verfremden und den Hund mit Sichtzeichen leiten. Wie perfekt der Hund reagiert, hängt von Ihrer Körpersprache ab und dem ausdauernden Training.

Tricks für geschickte Pfoten

Mit den Pfoten kann man mehr als nur laufen

Hunde können mit ihren Pfoten tolle Sachen machen. Sie haben ein sehr feines Gefühl für den Untergrund und die Balance. Die Grundlage für einige Tricks dieser Kategorie ist also angeboren. Die vorführreife Perfektion bringt das Training. Manche Tricks sind einfach nur lustig, andere, wie das Leitergehen, spektakulär. Die meisten dieser Tricks eignen sich gut für die Kombination mit anderen zu einer lustigen Show, vielleicht sogar mit einer kleinen Geschichte. Ein Hund, der den Lichtschalter bedienen kann, kann sich darüber hinaus nützlich machen. Pfotentricks eignen sich für kleine wie große Hunde. Das Leitergehen fällt den mittelgroßen am leichtesten.

Das Nasereiben – sich schämen

Dieser Trick ist relativ leicht zu lehren, braucht aber viel Geduld. Die meisten Hunde wischen alles, was an Ihrer Schnauze klebt, reflexartig ab. Und damit sind wir schon mitten im Geheimnis dieses Tricks: Eine kleine Irritation für den Hund hilft uns, ein bezauberndes Kunststück zu etablieren. Schneiden Sie ein ca. 5 cm langes Stück Tesafilm oder ein ähnliches, nicht zu stark klebendes Band ab. Dann befestigen Sie den Tesafilm seitlich an der Schnauze.

Nouni lernt das Nasereiben. Den Klebestreifen wischt sie mit der Pfote weg.

Ein Reflex ist das Geheimnis

Der Klebestreifen darf nur so leicht am Fell haften, dass der Hund ihn mit einem Pfotenwisch entfernen kann. Das kleine lästige Ding an seiner Schnauze will er schnell loswerden. Jeder Hund nimmt die Pfote und wischt sich über die Schnauze, so als ob er eine Fliege verjagen will. In dem Moment, in dem seine Pfote die Schnauze berührt, loben Sie. Sobald der Hund das Spiel begriffen hat und den Streifen sofort abstreift, kommt das Hörzeichen NASE REIBEN dazu. Für manche Hunde ist es besser, als Alternative zum Klebestreifen dem Hund ein weiches Haarband locker über die Schnauze zu streifen, das Sie nach jedem Pfotenstreich sofort entfernen.

Am Filmset

Beim Dreh ist der Hund vollkommen auf die Zeichen des oder der Trainer angewiesen. Schauspieler gehen in ihrem Text und ihrer Rolle auf. Sie behandeln den Hund wie einen menschlichen Schauspielerkollegen – und der weiß selbst, wann er handeln muss.

Das Nasereiben auf Hörzeichen kann man in eine Show auch als Sich-Schämen einbauen. Das ist sehr wirkungsvoll.

Der erste Pfotenstreich

Als Sichtzeichen können Sie Ihre Nase mit dem Zeigefinger berühren. Wenn Sie den Trick einmal vor Publikum vorführen, ist das ein wunderbar unauffälliges Zeichen. Es kann sein, dass Hunde, die weniger körperempfindlich sind, den Klebestreifen als zum Spiel gehörig empfinden und ihn gar nicht loswerden wollen. In diesem Fall entfernen Sie den Streifen ein paar Mal und kleben ihn wieder an, bis der Hund ihn wahrnimmt. Belohnen Sie jede Intention, den Streifen loszuwerden. Bei solchen Vierbeinern ist es besonders wichtig, dass das Klebeband mit dem ersten Pfotenstreich vom Hund entfernt werden kann. Haben Sie Geduld und motivieren Sie den Hund mit freundlichen Worten zur Tat! Geben Sie zu jeder Pfotenaktion das Kommando NASE REIBEN.

Jetzt muss der Hund warten

Für den Anfang ist es nebensächlich, dass der Hund sofort nach dem Ankleben des Bandes das lästige Ding wegwischt. Nach und nach müssen Sie aber dazu übergehen, dass er damit auf Ihr Kommando wartet. Hindern Sie den Hund vorher mit NEIN daran. Erst auf das Hörzeichen NASE REIBEN darf er das Band abwischen. Klappt dies, sind Sie schon einen großen Schritt weiter. Als nächsten befestigen Sie das Band so fest, dass der Hund es nicht mehr mit einem Wisch entfernen kann. Geben Sie zu jedem Versuch das Kommando NASE REIBEN. Es kann ein paar Wochen dauern, bis Ihr Schüler das Klebeband nicht mehr benötigt, sondern alleine auf Ihr Hörzeichen seine Nase reibt. Sehr publikumswirksam ist es übrigens, wenn Sie dem Kind einen anderen Namen und dem Hund das Hörzeichen SCHÄM DICH anstatt NASE REIBEN geben.

Sag danke!

Einen Hund, der sich artig bei seinem Publikum bedankt, wünscht sich jedes Herrchen. Die Haltung des Hundes für diesen Trick ist durchaus natürlich. Jeder Hund führt sie als Spielaufforderung aus: Der Hund »steht« hinten und »liegt« vorne. Es würde jedoch zu lange dauern, immer abzuwarten, bis der Hund diese Stellung von sich aus zeigt,

Wie bringe ich meinen Hund dazu, ausgefallene Körperbewegungen auszuführen?

Da hilft am besten folgendes Vorgehen: Man muss als Trainer seine Fantasie walten lassen und sich Situationen ausdenken, die den Hund dazu veranlassen, die Bewegung ansatzweise von sich aus auszuführen. Die kleinste Bewegung in die richtige Richtung kann gefestigt werden. Es hat lerntechnisch wenig Sinn, den Hund ohne dessen eigenes Mitwirken zu manipulieren.

Eine Hand unter dem Bauch hilft dem Hund zu lernen, dass er das Hinterteil beim SAG DANKE nicht senken soll.

Es ist ein feiner Zug vom Mischlingsrüden Johnny, sich nach jeder Vorstellung bei seinem Publikum zu bedanken.

um das Hörzeichen dazu etablieren zu können. Wichtig ist, dass die Handlung zu jedem beliebigen Zeitpunkt wiederholt werden kann.

Ein kleines technisches Hilfsmittel

Einfacher ist es, eine kleine Hürde zu bauen, die gerade unter den Bauch des Hundes passen sollte. Lassen Sie den Hund nun so über der Hürde stehen, dass er sein Hinterteil nicht senken kann. Nehmen Sie ein Leckerchen, halten Sie es dem Hund vor die Nase und führen Sie die Hand dann zu Boden – SAG DANKE. Will der Hund sein Leckerchen erreichen, muss er mit den Vorderläufen (genauer: Unterarmen) ganz den Boden berühren. Am Anfang müssen Sie jeden kleinen Schritt Richtung Ziel belohnen! Nach 3 Übungstagen sollte der Hund, ohne sich unwohl zu fühlen, die Vorderläufe am Boden haben.

Andere Methoden

Manche Hunde lernen leichter, wenn Sie anstelle der Hürde mit Ihrer freien Hand gegenhalten. Andere lernen schneller mit der Knie-Methode: Knien Sie sich neben Ihrem Hund auf den Boden. Strecken Sie ein Bein nach vorn, sodass das Knie gebeugt ist. Der Hund muss seinen Kopf unter Ihr Bein stecken, um an den Bissen heranzukommen. Achten Sie darauf, dass er sein Hinterteil nicht senkt. Diese Gefahr besteht auch, wenn Sie aufhören, mit der Hürde zu arbeiten. Eine Hand müssen Sie dann immer frei haben, um den Hund am Platzgehen hindern zu können.

Den Trick von hinten aufbauen

Natürlich kann man diese Methode auch umdrehen, das heißt, der Hund liegt PLATZ, und Sie heben ihn mit einer Hand hinten hoch – mit dem Kommando SAG DANKE. Die andere Hand bleibt am Halsband und hindert den Hund daran, sich ganz zu erheben. Bei einem sehr großen und vor allem schweren Hund werden Sie, falls Sie kein Gewichtheber sind, Schwierigkeiten haben. Für große Hunde eignet sich daher die Hürden-Methode besser. Sie können auch ausprobieren, auf was der Hund am besten anspricht. Die Hürde irritiert manche Hunde. Gewöhnen Sie sie langsam daran. Und arbeiten Sie nie mit Gewalt.

Soldat, robben

Militärhunde lernen, neben ihren Führern in Deckung zu robben. Für uns ist dieser Trick Spaß.

Jeder Hund kriecht, wenn er im Liegen einen nahen Gegenstand erreichen will. Diese Tatsache werden wir uns zunutze machen. Ruhige, etwas behäbige Hunde werden den Trick schneller lernen als solche von der schnellen Truppe. Solche Kameraden springen gerne zu schnell auf.

Mein Rat

In der Ruhe liegt die Kraft. Wenn es mit dem Üben einmal gar nicht klappt ... durchatmen und mit einer leichten Übung, die der Hund gut und gerne ausführt, für heute aufhören. Denken Sie daran, dass in 98 Prozent der Fälle der Fehler bei Ihnen liegt. Vielleicht waren Sie unkonzentriert oder Ihre Anweisungen und Hilfen waren nicht klar genug. Lasten Sie die entstandene Verwirrung nicht Ihrem Schüler an. Und denken Sie daran: Nie will der Hund Sie bewusst ärgern. Das liegt nicht in seiner Natur. Suchen Sie den Fehler bei sich selbst.

Die weiße Schäferhündin Bianca folgt gerne dem Leckerbissen in der Hand von Frauchen und kriecht dabei.

Trick

Achtung!
Üben Sie diesen Trick erst, wenn der Hund das PLATZ absolut zuverlässig befolgt! Er könnte sonst verleitet werden, beim PLATZ nicht mehr fest liegen zu bleiben.

Die ersten Lernhilfen

Der Trick besteht aus 3 Komponenten: der Platzposition, dem Leiten mit Futter und dem Kriechen. Geben Sie zunächst dem Hund das Hörzeichen PLATZ. Knien Sie sich neben und leicht vor den Hund. In der rechten Hand halten Sie ein Leckerchen dicht vor die Nase des Hundes. Der Hund darf mit der Schnauze ruhig etwas in die geschlossene Faust bohren, während Sie die Hand dicht über den Boden nach vorne schieben. Gebrauchen Sie das Hörzeichen KOMM-SOLDAT. Versuchen Sie mit der rechten Hand den Hund dazu zu veranlassen, sich nach dem Guti zu strecken. Mit der linken Hand halten Sie den Hund sanft am Boden, wenn er versucht aufzustehen. Geben Sie dem Hund die Leckerei, aber verlangen Sie jedes Mal ein bisschen mehr. Beim Kriechen muss der Hund seine Vorderpfoten vorwärtsschieben. Sollte der Hund nicht von selbst auf die Idee kommen, die Hinterpfoten nachzuziehen, können Sie mit der Hand eine Pfote bewegen, sodass der Hund merkt, was er soll.
Ist der Hund brav ein kleines Stück gerobbt, öffnen Sie die Hand, und er darf sich die Belohnung holen. Es ist wichtig, anfangs schon Zentimeter zu bestätigen. Je sorgsamer und langsamer Sie den Trick aufbauen, desto besser. Ermuntern Sie den Hund immer wieder weiterzumachen. Auch wenn der Hund bei den ersten Lektionen nur ein kleines Stückchen kriecht, loben Sie ihn kräftig.

Mein Rat

Um das Robben zu festigen, kann man sich ein Gestell bauen, ähnlich dem, unter dem menschliche Rekruten durchkriechen. Zwei seitliche Begrenzungen sind so hoch, dass der Hund leicht darunter hindurchkriechen kann. Besenstiele schließen das Hindernis nach oben ab.

Für eine Show können Sie den Hund sich im geduckten Gang heran- oder wegschleichen lassen, ohne dass Sie es »bemerken«.

Vor dem Hund stehen

Da nicht anzunehmen ist, dass Sie je unter feindlichen Beschuss kommen, können Sie Ihren Rücken entlasten, sobald der Hund keine Tendenz mehr zeigt, beim Vorwärtskriechen aufzuspringen. Der Hund liegt im PLATZ. Sie stellen sich neben ihn. Für den Hund ist das eine neue Situation. Helfen Sie ihm noch mit dem Leckerbissen vor seiner Schnauze. Der Hund will den Leckerbissen unbedingt haben. Sie rücken aber mit der Hand Zentimeter um Zentimeter weg, sodass er nachrücken muss. Geben Sie das Hörzeichen SOLDAT, während die Hand dicht am Boden bleibt. Locken Sie Ihren Kameraden so vorwärtsgehend: KOMM-SOLDAT. Jede Hast ist unangebracht und verlockt den Hund, sich zu erheben. Erweitern Sie Schritt für Schritt die Kriechdistanz.
Es kommt der Tag, an dem die Hand vor der Schnauze wegfallen soll. Treten Sie einen Schritt vom Hund zurück und legen Sie stattdessen die Belohnung so vor Ihre Füße, dass der Hund sie sieht. Sparen Sie nicht mit Lob, wenn der Hund es geschafft hat, auf KOMM-SOLDAT zu Ihnen zu kriechen und sich das Motivationsleckerchen zu holen. Vermeiden Sie jede Hast.

Auf die Gesundheit achten

Bedenken Sie immer, dass das Kriechen für den Hund sehr anstrengend ist. Überfordern Sie ihn also nicht. Sonst wird er schnell den Spaß an dem Trick verlieren. Ihr Hund darf auch keine Knochenprobleme wie die Hüftgelenks- oder Ellenbogendysplasie haben.

Tanzen und Balancieren

Kleine, agile Hunde werden den Trick oft schon von sich aus zeigen. Um mit Augen und Nase die Umgebung nur ja zu erfassen, strecken sie sich so weit wie möglich und balancieren dabei auf den Hinterbeinen. Aber auch einem nicht zu schwergewichtigen mittelgroßen Hund bis ca. 55 cm Schulterhöhe kann man diesen Trick relativ leicht lehren. Den ganz Großen sollte man solche akrobatische Leistungen ersparen.

Mein Rat

Wenn Sie den Trick vorführen, wirkt es besser, wenn Sie das Hörzeichen nur einmal geben. Nutzen Sie das Handzeichen, das sich durch das Futterleiten ergibt, und klopfen Sie auf den Boden. So werden die Augen des Hundes nach unten geleitet und er wird weniger zum Aufstehen verleitet.

Die kleinen Naturtalente sehen einen Leckerbissen über der Nase und legen los. Ihre größeren Kollegen brauchen ein wenig Hilfestellung.

Den Rücken gerade halten

Viele größere Hunde leiden heutzutage unter Rückenproblemen. Halten Sie dem Hund einen Bissen oder ein Spielzeug über den Kopf. Stellt sich der Hund auf die Hinterbeine und streckt sich ohne ein Anzeichen von Unbehagen, dürfte alles in Ordnung sein. Scheut der Hund die Aufwärtsbewegung, sollten Sie einen Tierarzt zu Rate ziehen. Wenn alles in Ordnung ist, suchen Sie sich eine Zimmerecke und lassen den Hund in der Ecke mit dem Rücken zur Wand sitzen. Helfen Sie ihm, sich auf die Hinterkeulen zu setzen.

Temperamentvolle Hunde wie der Border Collie werden den Tanztrick lieben. Sie stellen sich leicht auf die Hinterbeine.

Auf den Hinterbeinen balancieren

Machen Sie diese Übung, bis Sie fühlen, dass der Hund anfängt, mit geradem Rücken die Balance zu halten. Die Eckenübung hilft dem Hund, ein Gespür für die richtige Haltung des Oberkörpers zu bekommen. Der Brustkasten muss senkrecht über dem Hinterteil stehen. Jetzt geht es darum, dass der Hund sich vollends streckt. Halten Sie eine Belohnung gerade so hoch, dass der Hund sie, auch wenn er sich auf die Hinterbeine stellt, nicht erreichen kann. Die ersten Male bekommt der Hund die Belohnung sofort, wenn er ein paar Sekunden auf den Hinterbeinen gestanden hat. Als Hörzeichen für die Übung könnten Sie HOCH wählen. Der Körper Ihres Hundes muss immer aufrecht stehen. Die meisten Hunde versuchen, sich am Anfang mit den Vorderpfoten irgendwo abzustützen, meist an Ihrem Körper. Lassen Sie das ruhig zu und bieten Sie Ihren Arm an. So haben Sie mehr Kontrolle über den Hund. Diese Phasen sollten aber immer kürzer werden, bis Sie dem Hund die Hilfe ganz entziehen.

Auf die Muskeln kommt es an

Beschränken Sie die Übungszeit auf 2-3-mal täglich ein paar Minuten. Denken Sie daran, dass Ihr Hund erst die entsprechenden Muskeln aufbauen muss, bevor er ein längeres Stück auf den Hinterbeinen gehen kann. Das geht nicht von heute auf morgen und braucht Zeit. Sie werden schnell ein Gespür dafür bekommen, was Sie Ihrem Vierbeiner zutrauen können.

Sobald Ihr Liebling sicher auf den Hinterbeinen steht, treten Sie von ihm zurück und locken ihn mit einem Guti zu sich. Es ist besser, einen einzigen Schritt zu belohnen, als zu viel zu erwarten und dass der Hund wieder aus der Balance gerät, weil er mit den Vorderpfoten ausgreift. Es wird eine ganze Zeit dauern, bis der Hund sicher auf den Hinterbeinen geht. Mit einem »Leit-Bissen« könnten Sie den Vierbeiner schließlich dazu veranlassen zu TANZEN. Perfektion können Sie aber nur von den kleineren, agilen Hunden verlangen.

Muskeltraining für die Gesundheit

Sie tun nicht nur einem Trick-Dog etwas Gutes, wenn Sie Ihren Hund oft bergauf laufen oder schwimmen lassen. Das baut die Muskeln der Hinterhand auf und stärkt das Skelett.

Der blue-merle Border Collie lacht förmlich. Für diesen sehr beweglichen Hund ist das Tanzen eine reine Freude.

Leiter gehen

Für den Anfang benötigt man möglichst eine Stufenleiter mit abgeflachten breiten Treppenstufen. Runde Sprossen sind für den Hund viel schwieriger zu begehen; er findet wenig Halt. Die Leiter muss länger sein als der auf den Hinterpfoten stehende und sich streckende Hund. Sonst besteht für den Hund die Versuchung, einfach hinaufzuspringen. Sorgen Sie für eine sichere Verankerung.

Erste Versuche für das richtige Feeling

Es ist praktisch, wenn die waagerechte Leiter gerade so hoch ist, dass Sie den Hund hinaufheben und ihm gut helfen können. Für Hasso ist eine Leiter eine vollkommen neue Erfahrung. Heben Sie ihn auf die Leiter, sodass er

Mein Rat

Das Arbeiten mit der lockeren Leine ist eine wunderbare Möglichkeit, beim Üben ruhigen Kontakt zum Hund zu halten. Vor allem temperamentvolle und unkonzentrierte Hunde geraten leicht unter Stress, wenn man ohne Leine arbeitet und sie ständig ermahnen muss dazubleiben. Mit Leine haben Sie es da leichter.

Dalmatinermix Duke konzentriert sich auf jeden Schritt auf der Leiter. Diese Sprossen sind breit genug für einen sicheren Stand.

einfach mit allen vier Pfoten auf den Sprossen stehen kann. So kann sich Hasso an die neue Sichtweise nach unten gewöhnen. Verlangen Sie nichts weiter, als dass er ruhig steht. Seine sensiblen Pfoten fühlen den sicheren Halt. Und falls Hasso dennoch ins Rutschen kommt, können Sie ihn sofort auffangen, wenn Sie vorsichtshalber immer einen Arm unter seinen Bauch halten, ohne ihn zu berühren.
Nach kurzer Zeit heben Sie Hasso von der Leiter und loben ihn für seinen Mut überschwänglich.

Die Hinterpfoten aktivieren

Jetzt steht die Leiter leicht schräg und führt auf eine ausreichend breite Auflage. Führen Sie den angeleinten Hund gerade heran. Mit Worten, Klopfen auf die Sprossen oder auch einem Leckerbissen wird der Hund angeregt, mit den Vorderpfoten hinaufzusteigen. Hasso wird sich hochtasten, bis die Hinterläufe gestreckt sind. Dann scheint es nicht mehr weiterzugehen. Alle Hunde vergessen in dieser Situation plötzlich, dass sie Hinterpfoten haben. Während Sie Hasso Mut zusprechen, greift ein Helfer einen Hinterfuß und setzt ihn vorsichtig auf die unterste Stufe der Leiter. Belastet der Vierbeiner die aufgesetzte Hinterpfote und beginnt er sich hochzuschieben, kann es sein, dass er von alleine versucht, die andere Pfote nachzuziehen. Oftmals wird er aber noch unsicher in der Luft rudern und nur durch Zufall einen Halt finden. Der Hund braucht dann wieder Hilfe, bis die Pfote an der richtigen Stelle ist. Kann der Hund die Bewegung noch nicht koordinieren und ist die Hinterpfote blockiert, setzt der Helfer die Pfote höher.

Jede Initiative begrüßen

Sobald Hasso beginnt, seine Pfoten selbst zu bewegen, unterstützen Sie ihn mit zurückhaltender Begeisterung. Nichts soll den Kletterkünstler zu einer schnellen, unbedachten Handlung verführen. Nicht die Quantität des Lobes ist ausschlaggebend, sondern die Qualität. Geben Sie Ihrem Hund das Gefühl, dass er im Begriff ist, eine ungeheure Tat zu vollbringen. Seien Sie stolz

Diese Leiter steht so steil, dass das Herabsteigen für größere Hunde wegen des Schwerpunktes zum Problem werden könnte.

auf ihn. Eine Hand auf dem Widerrist gibt Sicherheit, ohne zu bedrängen. Viele Hunde lernen das Leitersteigen erstaunlich schnell. Aber Vorsicht! Der Trick erfordert vom Hund sehr viel Konzentration. Zu häufige Wiederholungen verleiten vor allem den unerfahrenen Hund schnell zu Fehlern. Er wird zu hastig und rutscht ab oder fällt gar von der Leiter. Öfter als 3-mal am Tag sollten Sie das Leitersteigen nicht üben. Seien Sie immer bereit, dem Hund bei Schwierigkeiten zu helfen. Gutes Klettern ist zum großen Teil eine Vertrauenssache zwischen Hund und Herrchen.

Den Lichtschalter bedienen

Dieser Trick funktioniert natürlich nur mit dem guten alten Kippschalter. Der Hund soll auf Hörzeichen den Lichtschalter mit der Pfote bedienen und das Licht ausschalten. Der Schalter muss für einen großen Hund auf den Hinterbeinen und für einen kleinen über einen Stuhl leicht zu erreichen sein. Um

Nouni hat gelernt, die Klatsche mit der Pfote zu berühren. Ohne Zögern zeigt sie diese Handlung auch an einer Wand.

die Wand vor Kratzern und Verschmutzungen zu schützen, sollten Sie rund um den Lichtschalter eine Plastikabdeckung anbringen.

Zielen auf Umwegen

Besorgen Sie sich eine Fliegenklatsche oder einen anderen Stab, dessen Ende farblich oder figürlich hervorsticht. Der Hund lernt zunächst, die Klatsche mit der Pfote zu berühren. Lassen Sie den Hund sitzen. Legen Sie das breite Ende der Klatsche auf die flache Hand. Wenn Sie den Hund nun mit PFOTE auffordern, Ihnen die Pfote zu überreichen, berührt seine Pfote die Klatsche. In dem Moment loben Sie ihn und geben ihm ein Leckerchen. Nun halten Sie dem Hund die linke Hand hin. In der rechten halten Sie die Fliegenklatsche, die immer mehr zur Verlängerung des linken Arms wird, bis der Hund nur noch die Klatsche mit der Pfote berührt. Wenn der Hund die Klatsche zuverlässig mit der Pfote berührt, führen Sie ein Signal ein (zum Beispiel DRÜCK).

Den Schalter knipsen

Der Hund hat keine Schwierigkeiten damit, auf den Hinterpfoten zu stehen und die Pfoten aufzulegen, und das Fliegenklatschen-Spiel macht ihm Spaß. Lassen Sie den Hund die Klatsche nun auf verschiedenen Untergründen berühren, zum Beispiel auf einem Stuhl, auf dem Boden und schließlich auch an ei-

nem senkrechten Objekt. Stellen Sie sich direkt neben den Hund, wenn Sie mit einer Wand arbeiten. Immer wird der Hund gelobt, wenn seine Pfote exakt die Klatsche berührt. Nun arbeiten Sie sich langsam bis auf die Höhe des Lichtschalters vor. Der Hund berührt den Schalter, und der Trick ist fast perfekt. Üben Sie jetzt nur noch mit dem Schalter und loben Sie kräftig, wenn das Licht ausgeht.
Nun hat der Hund das Bepföteln des Schalters in seinem Repertoire, und Sie müssen nur noch Schritt für Schritt die Fliegenklatsche aus dem Spiel bringen. Der Hund ist in der Zwischenzeit so schnell mit der Pfote, dass Sie das Ziel nur noch andeuten müssen, und schon fliegt die Pfote. In dem Moment, in dem die Pfote den Schalter drückt, geben Sie das Hörzeichen LICHT AUS und loben den Hund. Trifft der Hund nicht, übergehen Sie den Fehler kommentarlos. Das Verhalten wird so durch Lob langsam geformt.
Kleine Hunde haben es etwas schwerer. Sie müssen erst auf einen Stuhl springen, damit Sie den Schalter mit der Pfote erreichen können. Für Hunde, die mit der Schnauze geschickter sind, kann der Trick auch alternativ so aufgebaut werden, dass der Hund anstelle der Pfote die Fliegenklatsche mit der Nase berührt.
Wenn der Hund einen Lichtschalter bedienen kann, erwarten Sie nicht, dass er andere Schalter im Haus ebenso sicher findet. Der Hund hat gelernt, einen Schalter zu handhaben. Üben Sie in jedem Raum in Ihrem Haus, in dem sich ein Lichtschalter befindet. Haben Sie mehrere Schalter installieren lassen, müssen Sie sich für einen entscheiden, den Sie dem Hund bekannt machen.

Zur Schonung der Wand um den Lichtschalter herum kann man eine Plexiglasscheibe anbringen.

Tricks für starke Schnauzen

Hier kann sich der Hund nützlich machen

Nicht alle Hunde sind zum Apportieren geboren. Es gibt Rassen, wie zum Beispiel die Retriever, denen das Apportieren im Blut liegt. Je weniger ein Hund von sich aus dazu neigt, Dinge ins Maul zu nehmen und zu tragen, desto mehr Geduld muss der Ausbilder aufbringen, dem Vierbeiner das Bringen zu lehren. Aber die Mühe, dem Hund das Vergnügen an der Arbeit mit der Schnauze zu vermitteln, lohnt sich für viele praktische und lustige Tricks. Es kommt immer wieder gut an, wenn der Hund seine Apportierkünste vorführt. Allerdings ist das Apportieren eine Übung, die besonderer Sorgfalt bedarf. Nur konsequentes Üben kann zum Erfolg führen.

Etwas bringen (apportieren)

Eine wichtige Grundlage für viele Tricks ist, dass der Hund das Apportieren mit den unterschiedlichsten Gegenständen beherrscht. Vielleicht besitzt Ihr Hund einen Gegenstand, den er besonders gerne herumträgt. Das muss nicht automatisch das beste Bringsel sein, um dem Hund das sichere Apportieren beizubringen. Die Macht der Gewohnheit verleitet den Hund nämlich nur allzu leicht, mit dem Gegenstand zu spielen. Auch das freudige Heranbringen von geworfenen Stöckchen ist noch kein Garant, dass der Hund sicher apportiert.

Das richtige Übungsbringsel

Besser ist es, einen Gegenstand zu wählen, den der Hund nicht kennt, der ihm aber nicht unangenehm im Maul ist. Eine zusammengerollte Zeitung hat sich gut bewährt. Sie ist leicht und weich und wird gerne genommen. Man kann auch im Zoofachgeschäft eine Holzhantel kaufen, die einen günstigen Schwerpunkt hat und für Hunde mit kräftigen Kiefern vorteilhaft sein kann. Verwenden Sie viel Zeit und Sorgfalt auf das sorgfältig ausgeführte Bringen. Bis das Apportieren in allen 5 Schritten sitzt, sollten Sie das Bringsel nicht wechseln.

Das Bringsel muss interessant sein

Im ***1. Schritt*** soll der Vierbeiner das Bringsel nur willig ins Maul nehmen. Mehr sollten Sie nicht verlangen. Lassen Sie den Hund sitzen. Machen Sie dem Hund das Bringsel interessant, indem Sie es wie ein Spielzeug schnell bewegen, hinter dem Rücken verstecken und geheimnisvoll tun. Sobald der Hund Interesse am Bringsel zeigt, ermuntern Sie ihn, es zumindest kurz ins Maul zu nehmen. Unterstützen Sie den Hund beim Halten, indem Sie eine Hand unter seinen Unterkiefer legen. Loben Sie ruhig und sagen BRING-HALTEN. Die meisten Hunde lieben es, wenn die andere Hand sanft über den Oberkiefer streicht.

Der Hund hält das Bringsel fest

Im ***2. Schritt*** versuchen Sie, die Hand am Unterkiefer immer länger wegzunehmen. BRING-HALTEN. Es kann durchaus sein, dass Sie bei täglichem Üben 1 Woche und länger brauchen, bis der

Hund das Bringsel sicher hält. Zeigt der Hund die Tendenz, den Gegenstand auszuspucken, geben Sie nicht auf. Geben Sie es ihm wieder ins Maul und loben ihn sehr, wenn er es nun hält. Unterstützen Sie das Halten der Hantel gegebenenfalls mit der Hand unter dem Kinn des Hundes leicht. Beim Apportierenlernen ist viel Geduld nötig, aber nur sie führt letztlich zum Erfolg.

Ein paar Schritte tragen reicht

Bevor der Vierbeiner das Bringsel nicht sicher mindestens 30 Sekunden hält, ist er nicht reif für ***Schritt 3***, das Tragen. Lassen Sie den angeleinten Hund sitzen und geben Sie ihm das Apportel zum Halten. BRAV! Jetzt treten Sie ein paar Schritt zurück und fordern den Hund auf, zu Ihnen zu kommen. In aller Regel wird der Hund nun versuchen, den Gegenstand fallen zu lassen. Es ist daher ratsam, für die ersten Versuche wieder die Hand unter dem Unterkiefer als Unterstützung einzusetzen. Verlangen Sie nicht mehr als ein paar Schritte. Dann lassen Sie den Hund sich wieder absetzen. Er muss das Bringsel unbedingt noch ein paar Sekunden halten, bis Sie AUS sagen und nochmals sehr loben.

Die Irish-Setter-Hündin Yoga lernt zunächst, eine kleine Zeitungsrolle zu tragen. Klappt das, fällt die Hand unter dem Unterkiefer zur Unterstützung weg.

Das erste Bringen

Im ***Schritt 4*** fallen die Leine und die Hand am Kopf weg. Der Hund sitzt, Sie geben ihm das Apportel zum Halten - BRING-HALTEN. Sie treten 1-2 m zurück und fordern den Hund mit BRING auf, Ihnen den Gegenstand zu bringen. Sollte der Hund das Bringsel unterwegs fallen lassen, korrigieren Sie Ihren Schüler ruhig, aber bestimmt. Geben Sie es ihm wieder ins Maul und lassen ihn die Übung zu Ende führen. Wenn Sie fleißig üben, sollte der Hund in 2 Wochen die Übung beherrschen.

Der entscheidende Schritt

Der 5. Schritt erfordert wieder Ihre ganze Aufmerksamkeit. Nun lernt der Hund, das Bringsel vom Boden aufzunehmen. Erfahrungsgemäß ist dieser Schritt der schwierigste. Um dem Hund das Lernen zu erleichtern, empfiehlt es sich, das Apportel nicht gleich auf den Boden zu legen. Gewöhnen Sie den Hund schrittweise daran, indem das Bringsel zunächst zum Beispiel auf einem Stuhl liegt, dann auf einem Hocker

Als Vorstufe zum Aufnehmen vom Boden wird die Zeitungsrolle aufgebockt. Dann erst nimmt Yoga korrekt auf.

Proben zum »Showpalast« mit Dieter Thomas Heck. Die vierbeinige Assistentin Nouni wartet, bis sie das Zeichen erhält, Herrn Heck einen Zettel bringen zu dürfen.

Am Filmset

Filmhunde stehen oft vor besonderen Herausforderungen. Nouni musste lernen, sich so weit zu beherrschen, dass Sie den Sonntagsbraten vom Tisch klaute, ohne ihn anzunagen und zu sabbern. Dann trug sie die Köstlichkeit in einen Hundekorb und legte sie säuberlich ab. Bis die Szene im Kasten war, musste Nouni 6-mal widerstehen. Der einfache Trick: Die Szene war die letzte am Tag und ich fütterte sie vorher.

und jetzt erst am Boden. Oder Sie bauen mit Büchern oder Backsteinen zwei Türme bis auf Brusthöhe des Hundes, auf die Sie das Apportel legen, sodass das Mittelstück frei ist. Die Höhe der Büchertürme lässt sich leicht reduzieren, indem einfach links und rechts ein Buch entfernt wird, bis das Bringsel am Boden liegt. Führen Sie den Hund zur Hantel und geben Sie das Hörzeichen BRINGS. Bewegen Sie das Bringsel möglichst wenig. Der Hund soll es selbstständig aufnehmen. Sobald das gut klappt, schicken Sie den Hund mit dem Hörzeichen BRING zum Gegenstand hin und lassen Sie sich das Apportel bringen. Ausdauer und Geduld führen zum Ziel. Rechnen Sie ein paar Wochen ein, bis der Hund wirklich zuverlässig apportiert. Warten Sie lieber etwas länger, bevor Sie das Apportieren vor Publikum vorführen. Es rentiert sich.

Das Spielzeug in eine Box räumen

Stellen Sie sich vor, wie praktisch es ist, wenn der Hund seine Spielsachen oder auch das Spielzeug Ihrer Kinder aufräumt. Die Spielsachen Ihres Hundes sind im ganzen Zimmer verstreut, und auf AUFRÄUMEN saust Hektor los und sammelt seine Siebensachen ein.

Der Hund legt das Spielzeug ab

Zunächst muss Hektor lernen, einen Gegenstand in einen Behälter zu befördern. Beginnen Sie mit einem einzigen Spielzeug, zum Beispiel einem Ball. Üben Sie mit genügend Platz um sich herum. Lassen Sie sich den Ball apportieren. Das kann Hektor schon. Aber Sie nehmen ihm den Ball nicht mehr ab, sondern lassen ihn vor sich hin legen. Der brave Apportierer wird ein wenig verwirrt sein, dass er den Gegenstand nicht in die Hand geben soll. Bieten Sie ihm in dem Moment, in dem Sie AUS sagen, eine Belohnung an. Gleichzeitig können Sie den Gegenstand sanft aus dem Maul schieben. Das Lob nicht vergessen! Wiederholen Sie die Übung, bis der Hund alleine für die Belohnung auslässt. Greifen Sie nicht nach dem fallenden Gegenstand. Die Bewegung könnte für den Hund zu einem Handzeichen werden, das Sie nicht geben können, wenn er weiter weg ist.

Ein Leckerchen zeigt, wo es richtig ist

Nun soll er im nächsten Schritt den zurückgebrachten Gegenstand nicht einfach ablegen, sondern in einem Behälter deponieren. Stellen Sie eine nicht zu kleine Plastikwanne vor sich hin. Zunächst soll Hektor sich nur an die Wanne gewöhnen. Er weiß noch nicht, dass er den Ball in die Wanne legt, sondern folgt einfach Ihrem Hörzeichen AUS. Erst wenn Sie die Wanne neben sich stellen, lernt Hektor ihren Sinn zu begreifen. Führen Sie ihn mit einer Handbewegung zur Wanne – AUS. Jetzt nimmt der Hund wahr, dass es darum geht, den Ball wirklich in die Wanne zu legen. Denn in der Wanne liegt eine kleine Belohnung, die Hektor aufnehmen darf, wenn der Ball wunschgemäß abgelegt wurde. Macht Hektor einen Fehler und der Ball fällt daneben, lassen Sie ihn genau dort weitermachen. Werfen Sie den Ball nicht erneut. Und verwehren Sie ihm den Belohnungshappen, wenn der Ball nicht in der Wanne landet. Das hilft Hektor, die Verknüpfung herzustellen. Lassen Sie ihn den Ball aufnehmen und lenken Sie ihn nochmals zur Wanne. Üben Sie dieses Stadium so lange, bis deutlich zu erkennen ist, dass der Groschen gefallen ist.

Mein Rat

Wenn der Hund zögert auszulassen, kann man ihn einen Gegenstand apportieren lassen, den er nicht gerne trägt, z.B. einen Metalllöffel. Dann ist schon das Auslassendürfen eine Belohnung.

Mein Rat

Leckerchen sind ein wichtiger Magnet, um den Hund in die richtige Richtung zu lenken. Geben Sie Belohnungen nicht nur aus der Hand, sondern bauen Sie sie an der Stelle ein, an der eine Aktion gewünscht wird.

Mein Rat

Stellen Sie zum Lernen die Box in einem möglichst leeren Raum in einer Ecke auf, dadurch lässt sich der Hund leichter leiten. Die Wände führen ihn wie von selbst zum Ziel, der Aufräumbox.

Der fertige Trick

Erst dann rücken Sie die Wanne weiter von sich weg und tauschen sie schließlich gegen die Aufräumkiste von Hektor. Es wird eine Weile dauern, bis der Hund den ersten Impuls verliert, den Ball auf BRINGS zu Ihnen zu bringen. Zeigen Sie ihm, wenn er zögert, mit einer Handbewegung, dass er den Ball in die Wanne fallen lassen soll. Nun ist es Zeit, das Hörzeichen AUFRÄUMEN einzuführen. Hängen Sie es zunächst an das AUS an. Im Laufe der Übungen verknüpft der Hund die Box mit dem Hörzeichen AUFRÄUMEN. Erst wenn Sie den Hund aus den verschiedensten Positionen zur Box schicken können, gehen Sie dazu über, mehrere Gegenstände auszulegen. Schicken Sie den Hund mit BRING los. Sobald der Hund aufgenommen hat, kommt das Hörzeichen AUFRÄUMEN. Hat der Hund den Gegenstand in der Box deponiert, leiten Sie ihn zum nächsten Spielzeug – BRING und AUFRÄUMEN. Viele Hunde gehen bald mit Begeisterung auf das neue Spiel ein. Sie räumen dann auch ohne Aufforderung ihr Spielzeug in die Box auf.

Sie können den Trick ausweiten, indem Sie das Spielzeug in verschiedenen Räumen auslegen. Schicken Sie den Hund mit AUFRÄUMEN los und leiten Sie ihn zunächst von Zimmer zu Zimmer, bis er schließlich selbstständig andere Räume aufsucht.

Das Leiten mit der Hand ist eine Hilfestellung. Eine Belohnung gibt’s nur, wenn das Spielzeug in der Wanne ist.

Nouni hat gelernt, ihr Spielzeug immer selbst aufzuräumen. Die Box sollte immer am gleichen Platz stehen.

Aufräumen in die Schublade

Der Trick eignet sich ganz besonders für größere Hunde, die gerne fest anpacken. Das ist die hohe Schule des Aufräumens. Der Trick setzt sich aus 3 Komponenten zusammen.

1. Der Hund öffnet eine Schublade.
2. Er legt sein Spielzeug hinein und
3. er schließt die Lade wieder.

Das bedarf einiger Vorbereitungen, ist aber äußerst wirkungsvoll. Suchen Sie sich eine Schublade aus, die nicht zu schwergängig ist. Sie muss einen Knauf oder einen Beschlag haben, an dem sich ein ca. 30 cm langes Seil oder Ähnliches befestigen lässt, an dem der Hund ziehen kann.

An einem Seil ziehen

Im 1. Teil des Tricks lernt der Hund, die Schublade zu öffnen. Dazu müssen Sie ihm beibringen, an einem Seil kräftig zu ziehen. Das Tau sollte gut griffig sein. Machen Sie dem Hund das Tau interessant, indem Sie es auf dem Boden entlang ziehen (immer vom Hund weg) und ihn dann anbeißen lassen. Spielen Sie aus Leibeskräften mit Ihrem Vierbeiner. Raufen Sie um das Seil. Lassen Sie ihn packen, ziehen und immer gewinnen. Ermuntern Sie ihn mit ZIEH! Lassen Sie sich das Tau aus der Hand reißen. Sie werden fühlen, wann der Hund stark genug zieht, um die Schublade öffnen zu können. Dann befestigen Sie das Tau an der Schublade und animieren den Hund dazu, das Seil zupacken und daran zu ziehen.

Mein Rat

Politik der kleinen Schritte: Jedes komplizierte Kunststück muss zum Aufbau in seine Komponenten zerlegt werden. Suchen Sie nach den kleinsten Einheiten der Handlung (hier: Tauziehen) und setzen Sie immer eine dem Hund schon bekannte mit einer neuen Komponente zusammen (hier: Ziehen eines Gewichtes).

Mein Rat

Der Hund ist unkonzentriert? Wenn keine Pause möglich ist, sind Geräusche das Mittel der Wahl. Auf kurze, hohe Piepstöne spitzt jeder Hund wieder die Ohren. Rascheln mit einer Plastiktüte erinnert an die Futterbelohnung. Futter zeigen funktioniert selten, da der Hund dann nur noch ans Fressen denkt und leicht blockiert.

Ein Gewicht am Seil hilft das Ziehen zu lernen

Asta würde Sie vermutlich nur verständnislos anschauen, wenn das Seil plötzlich an der Schublade hängen würde. Ein Zwischenschritt ist nötig. Hängen Sie ein Gewicht an das Seil. Sie können den Hund noch gut motivieren, indem Sie Leben in seine »Beute« bringen, dann lassen Sie los und loben ihn dafür, dass er das Gewicht wegzieht – ZIEH! Jetzt hat der Hund gelernt, auch ohne Spiel zu ziehen. Der große Tag ist nahe, an dem das Seil an der Schublade befestigt wird. Der Hund kennt das Hörzeichen ZIEH, und Sie müssen nur noch darauf achten, dass Asta nicht im Eifer des Gefechtes die Lade zu weit herauszieht.

Das kann Nouni hervorragend: an dem Seil ziehen, das immer befestigt bleibt. Danach holt sie das Spielzeug und legt es in die Lade.

Das Spielzeug ist aufgeräumt

Das Aufräumen in eine Kiste kennt Asta schon. Von der Kiste zur Schublade ist nur ein kleiner Schritt. Asta holt ihr Spielzeug. Sie zeigen in die Schublade – AUFRÄUMEN –, und das Kunststückchen ist schon fast fertig. Der Ball liegt in der Lade. Aber als ordentliches Familienmitglied schließt Asta die Schublade natürlich noch. Der Hund hat schon gelernt, seine Pfoten aufzulegen (siehe Seite 40). Seien Sie geduldig, wenn Sie diesen Schritt einüben. Am Anfang könnte der Hund die Pfoten wegnehmen, sobald sich die Schublade bewegt.

Der Hund als Kellner

Mit diesem Trick werden Sie selbst hartgesottene Ignoranten von der Klugheit Ihres Hundes überzeugen und umstimmen. Laden Sie sich Gäste ein. Wie schon bei dem Champagnerkellner (siehe S. 44) müssen Sie für diesen Trick allerdings viel üben.

Ein besonderer Gag ist es, wenn der Hund den Gästen stilvoll eine Speisekarte bringt, bevor er aufträgt.

Der richtige Korb

Ihr Hund muss apportieren können. Deshalb sollten Sie seine Kenntnisse im Apportieren auf Hörzeichen auffrischen. Besorgen Sie zunächst ein Henkelkörbchen, das Ihr Hund tragen kann. Es muss gerade hängen und sollte nicht an die Brust stoßen, sonst stört und behindert es den Hund zu sehr. Lassen Sie den Hund zunächst den leeren Korb tragen: NIMM-HALTEN. Wenn der Hund ihn fallen lässt, lassen Sie ihn den Korb selbst wieder aufnehmen. Achten Sie darauf, dass der Hund den Korb mit festem Griff nimmt und nicht nur eben gerade mit den Vorderzähnen hält. Lassen Sie den Hund neben sich, den Korb tragend, kleine Strecken hergehen. Üben Sie das immer nur ein paar Minuten am Tag, damit er sich allmählich an das Körbchentragen gewöhnt. Loben Sie ihn ausgiebig dafür.

Die Gäste bedienen

Aber der Hund soll das Körbchen ja nicht nur hereintragen, sondern die kleinen Köstlichkeiten später auch den einzelnen Gästen servieren. Bitten Sie zu diesem Zweck Ihre Familie zum Essen. Lassen Sie Ihre Gäste im Wohnzimmer Platz nehmen. Am besten, es ergibt sich für den Hund eine übersichtliche Kette. Sie können nun den Hund von Gast zu Gast schicken, indem Sie die Personen benennen – GEH ZU KARIN etc. Der Trick funktioniert dann aber auch nur mit diesen Personen. Besser Sie lehren den Hund mit NÄCHSTER, einfach den Nebenmann oder die Nebenfrau anzusteuern. Deuten Sie auf die gemeinte Person. Ein wenig locken ist erlaubt. Jeder tut so, als nehme er etwas aus dem Körbchen und lobt den vierbeinigen Kellner begeistert. Das viele Lob und die Aufmerksamkeit werden Ihren Hund restlos überzeugen, dass sein neuer Job jede Mühe wert ist.

Schützen Sie die Kekse

Nun können Sie den Korb zur Hälfte mit Gebäck oder Nüssen füllen. Wenn Ihnen das lieber ist oder wenn Sie pingelige Freunde haben, decken Sie die Sachen mit einer Serviette ab. Oder Sie nehmen von vornherein ein Picknickkörbchen mit Deckel. Manche Hunde reagieren auf die köstlichen Düfte aus dem Körbchen mit mehr oder weniger langen Schleimfäden, die auf Keksen nicht sonderlich appetitlich sind. Fordern Sie den Hund nun wieder auf, jede einzelne Person anzulaufen. Er muss so lange warten, bis sich der/die Betreffende etwas aus dem Korb genommen hat. Bitten Sie vor allem am Anfang, dass der Hund kurz gelobt wird. Erst nach dem letzten Gast rufen Sie den Hund zu sich heran und belohnen ihn mit Extralob und einem Bissen. Es empfiehlt sich eine Belohnung, die nicht aus dem Körbchen stammt, um den Hund nicht dazu zu verführen, sich selbst zu bedienen und seine Aufgabe zu vernachlässigen.

Am Filmset

Je komplexer Filmszenen mit Vierbeinern sind, desto besser muss der Trainer sich mit der Regie und dem Kameramann absprechen, bevor geprobt werden kann. Alles kommt darauf an, wie die Kameraführung aussieht.

Wo steht die Kamera?

Was ist im Bild? Wo ganz genau sind die Bildkanten?

Kann der Trainer im Sichtbereich des Hundes bleiben?

Haben die Schauspieler Sprechpausen, in denen Hörzeichen erlaubt sind?

Wo kann der Trainer stehen, um den Hund mit Handzeichen zu dirigieren?

Nach welcher Richtung geht der Hund ab?

Das Telefon bringen

Wäre es nicht praktisch, wenn Sie gleichgültig, wo Sie sich im Haus befinden, den Hund losschicken können, um das Telefon zu holen? Möglich ist es. Aber erst muss der Hund lernen, das Telefon zu apportieren wie ein rohes Ei. Gehört Ihr Kamerad zu den zupackenden Gesellen, vergessen Sie den Trick besser. Der Hund darf das Telefon weder knautschen noch zu fest drücken. Unterbinden Sie das mit NEIN! Lassen Sie den Hund sitzen und geben Sie ihm das Telefon in den Fang – HALTEN. Die meisten Hunde werden von sich aus vorsichtig sein mit dem ungewohnten Material. Achten Sie darauf, dass der Hund das Telefon nicht am Tastenfeld aufnimmt. Üben Sie das richtige Anpacken getrennt.

Nouni nimmt das Telefon vorsichtig außerhalb des Tastenfelds.

Die Ladestation

Legen Sie das Telefon dann neben die Ladestation und geben das Hörzeichen BRING DAS TELEFON. Sobald der Hund das Telefon sicher aufnimmt und trägt, stellen Sie es in die Ladestation. Lassen Sie den Hund selbst den richtigen Griff finden. Es wird nicht lange dauern, und der Hund hat den Bogen raus.
Vergrößern Sie nun die Entfernung zur Ladestation, bis Sie schließlich in ein anderes Zimmer gehen und sich das Telefon bringen lassen. Die Ladestation muss selbstverständlich immer am gleichen Ort stehen und für den Hund leicht erreichbar sein. Üben Sie von jedem Zimmer des Hauses aus das Apportieren. Sollte der Hund das Telefon unterwegs fallen lassen, lassen Sie den Hund genau dort weitermachen, wo der Fehler geschehen ist. Lassen Sie ihn das Telefon aufheben und korrekt bei Ihnen abliefern.

Das Telefon läutet

Wenn Sie wollen, können Sie dem Hund auch beibringen, das Telefon zu bringen, sobald es läutet. Hunde haben ein wesentlich feineres Gehör als Menschen. Sie selbst überhören das Klingeln vielleicht, Fido sicher nicht. Denn er hat gelernt, dass es eine Riesenbelohnung gibt, wenn er das Telefon bringt, sobald es läutet. Zum Lernen müssen Sie das Telefon nur vom Handy oder von einem Zweitapparat aus genügend oft läuten lassen und jedes Mal dem Hund das Hörzeichen BRING geben. Zunächst sind Sie nicht weiter als 1 m vom Telefon entfernt, später klappt es sicherlich vom nächsten Zimmer aus. Aber seien Sie Fido nicht böse, wenn er trotz aller Vorsicht mit den Zähnen auf die Tasten kommt. Außer Sie lehren Fido im Spezialtraining, das Telefon von vorne aufzunehmen, sodass die Zähne nicht auf die Tasten kommen. Sie können die Ladestation auch so aufstellen, dass der Hund nicht seitlich greifen kann, sondern von vorne.

Nouni hat Frauchen gefunden und liefert das Telefon ab. Achten Sie darauf, dass das Telefon nicht zu früh ausgegeben wird.

Tricks für springfreudige Hunde

Über Stock und durch den Reifen

Nicht alle Hunde eignen sich für Tricks mit Sprungkraft. Kaum ein Basset Hound wird elegant durch einen Reifen springen. Hunde im Wachstum, gleich welcher Größe, sind im Skelettbau noch nicht gefestigt. Sie sollte man noch nicht springen lassen. Gehen Sie jedes neue Hindernis in seiner niedrigsten Stufe an, bevor Sie von Ihrem Hund Höchstleistungen erwarten. Die meisten agilen Hunde springen mit Begeisterung. Ein mittelgroßer Hund erreicht leicht Höhen von 1 m. Feste Hindernisse lassen sich vom Hund vor dem Sprung besser taxieren. Zudem ist die Versuchung, nicht frei zu springen, beim offenen Hindernis größer. Ähnlich wie bei den Springpferden kann der Hund bestimmte Farben eines Hindernisses besser erkennen und exakter taxieren. Dünne Stangen kann der Hund schlecht erkennen, ebenso flatternde Bänder. Halten Sie den Reifen zunächst sehr niedrig.

Der Sprung über einen Stock oder den Arm

Ein Stock ist ein für den Hund relativ schlecht einschätzbares Hindernis. Üben Sie das Springen erst einmal mit einem festen kleinen Hindernis, das Sie gemeinsam mit dem Hund überspringen können. Ein klein wenig Anlauf hilft dem Hund, frei zu springen. Er sollte sich nicht das Aufsetzen angewöhnen. Laufen Sie mit dem Hund zum Hindernis und ermuntern Sie ihn mit HOPP zum Springen. Der Hund wird schnell Gefallen an der Übung finden, wenn nach dem Sprung ein Spielzeug fliegt, das er fangen kann. Bald schon laufen Sie zwar noch mit bis zum Hindernis, stoppen aber kurz davor. Der Hund wird das gar nicht bemerken und die Aufgabe alleine meistern.

Über den Stock springen

Über Hürden zu springen ist der Hund nun gewohnt. Wählen Sie jetzt einen ca. 80 cm langen, nicht zu schmalen Stock. Einfarbige Stöcke kann der Hund schlechter erkennen als solche, die wie Eisenbahnschranken gestrichen sind; helle sind besser als dunkle. Selbst wenn der Hund 50 cm oder höher sicher über die Hürde springt, fangen Sie mit dem Stock so niedrig an, dass der Sprung eher ein Hopser ist. Für den Hund ist es ungewohnt, dass Sie selbst den Stock an einem Ende halten. Am besten suchen Sie sich eine seitliche Begrenzung durch einen Zaun oder eine Mauer, um zu verhindern, dass der Hund ausweicht.

Lassen Sie den Hund in angemessenem Abstand vor der Stange sitzen. In der linken Hand halten Sie die Stange, in der rechten ein Spielzeug. Fordern den Hund mit HOPP zum Springen auf. Das Spielzeug fliegt vom Hund weg und der Hund über die Stange hinterher.

Im nächsten Schritt legen Sie das Spielzeug in einiger Entfernung zur Stange auf den Boden. Das dürfte genügend Motivation für den Hund sein, auf HOPP über die Stange zu springen, um sich das Spielzeug zu holen. Nun lassen Sie die seitliche Begrenzung weg.

Eine seitliche Begrenzung erleichtert dem Hund das Lernen. Die Versuchung auszuweichen fällt weg.

Der Arm als Hindernis

Diesen Trick kann man in 2 Varianten üben. Für Methode 1 halten Sie den Stock mit ausgestrecktem Arm so, dass der Stock die Verlängerung Ihres Armes ist. Sie können dem Hund nun mit dem Kommando HOPP mit der freien Hand den Weg weisen. Es macht nichts, wenn der Hund anfangs nicht über den Arm, sondern den Stock springt. Schritt für Schritt schieben Sie nun den Stock so hinter Ihren Rücken, bis nur noch der Arm als Hindernis übrig bleibt. Es ist ganz normal, dass der Hund sich zunächst etwas scheut, über ein Körperteil zu springen. Mit der Zeit klappt es aber sicher.

In Variante 2 üben Sie nur mit Ihrem Arm und einer seitlichen Begrenzung, sodass der Hund nicht ausweichen kann. Als Motivationsobjekt dient ein Leckerchen oder Spielzeug. Halten Sie Ihren Arm die ersten Male sehr niedrig. Werfen Sie das Spielzeug in Blickrichtung des Hundes genau in dem Moment, wenn der Hund zum Sprung ansetzt. Bald wird der Hund das Hindernis gut annehmen, auch wenn der Arm langsam höher geht. Rücken Sie nun langsam von der Begrenzung weg. Um den Hund dazu zu veranlassen, die Sprünge möglichst nahe am Körper durchzuführen, belohnen Sie nur noch korrekte Sprünge.

Der Sprung über einen Menschen

Ihr Publikum wird diesen Trick mit Begeisterung aufnehmen. Er ist auch relativ einfach zu lernen. Suchen Sie sich zunächst einen versierten Assistenten. Ihr Hund wird sich etwas zieren, über einen Menschen zu springen. Machen Sie es ihm für den Anfang so einfach wie möglich.

Ein Helfer ist wichtig

Fordern Sie Ihren Helfer auf, sich bequem auf den Boden zu legen. Nehmen Sie zusammen mit dem Hund kurz Anlauf - HOPP - und überspringen den Helfer. Treten Sie dann immer mehr in den Hintergrund, bis der Hund ohne Hilfen nach beiden Seiten über den Helfer hinwegspringt. Trampeln ist verboten! Wechseln Sie auch einmal die Rollen. Der Helfer springt dann mit dem Hund über Sie. Sie können nun auch auf Händen und Knien eine lebendige Hürde darstellen. Ihr Vierbeiner wird nach allen Seiten über Sie hinwegfliegen.

Lustige Varianten

Es gibt noch eine lustige Variante dieses Tricks: Sie legen sich wieder hin und sagen HOPP. Während der Hund springt, rollen Sie sich in die Richtung, aus der er kommt, und rufen wieder HOPP. Der Hund schafft es sicherlich, mehrmals hin und her zu springen.
In einer anderen Variante trainieren Sie einen anderen Hund, die Hürde zu spielen. Für den Trick müssen Sie sehr viel Geduld und am besten für den Anfang ein bis zwei Helfer mitbringen. Bringen Sie beiden Hunden bei, jeweils über den anderen zu springen. Dazu müssen beide Vierbeiner das STEH absolut beherrschen. Die beiden Hunde sollten sich gut vertragen, da das Über-den-Rücken-Springen als Dominanzgeste ausgelegt werden kann.

Der Sprung durch den Reifen

Schon fast ein Klassiker für große und kleine Hunde ist dieser Trick. Besorgen Sie sich einen Reifen, dessen Durchmesser größer als die Widerristhöhe Ihres Hundes ist. Wenn Sie auf Helfer verzichten wollen, ist es am einfachsten, wenn Sie den Reifen zunächst so installieren, dass der Hund nicht ausweichen kann. Eine Möglichkeit ist es, den Reifen in einen Türrahmen so einzuspannen, dass das untere Ende des Reifens die Türschwelle berührt. Der Hund muss also nur durch den Reifen laufen. Locken Sie den Vierbeiner mit dem Hörzeichen DURCH immer wieder durch den Reifen, bis es ihm eine Selbstverständlichkeit ist.
Jetzt nehmen Sie den Reifen in die Hand. Lassen Sie den Hund sitzen. Mit dem Hörzeichen DURCH und einer Belohnung in der freien Hand geht der Hund ohne weiteres durch den Reifen. Sparen Sie

Der Feuerreifen ist eine wirkungsvolle Variante des Reifentricks. Schäferhund Taran zeigt keine Scheu.

Die Streifen sind eine Vorbereitung für den Sprung durch »Glas«.

Am Filmset

Wenn Kommissar Rex durch ein Fenster springt , ist das natürlich kein echtes Glas, sondern Zuckerglas, das sehr leicht zerbricht. Der richtige Klirr-Sound wird nachträglich hinzugefügt. Trotzdem eine reife Leistung!

nicht mit Lob und wiederholen Sie den Vorgang ein paar Mal. Ganz allmählich halten Sie den Reifen höher und geben dem Hund das Hörzeichen HOPP-DURCH.
In den folgenden Übungsstunden müssen Sie darauf achten, dass der Hund immer durch den Reifen springt. Weicht er nach unten aus oder will er sich ganz drücken, heißt es NEIN, und Sie halten dem Hund den Reifen wieder vor die Nase: HOPP-DURCH.

Der Sprung durchs »Fenster«

Ein Hit auch für Vorführungen ist es, wenn Sie Ihrem Zögling das Springen durch einen bespannten Reifen lehren. Befestigen Sie an dem oberen Bogen des normalen Reifens Flatterbänder aus Papier oder Plastik, die vor der Reifenöffnung hängen. Lassen Sie dem Hund nun erst einmal Zeit, sich mit dem neuen Gebilde anzufreunden. Machen Sie ihm den Sprung so einfach wie möglich. Loben Sie ihn begeistert, wenn er trotz der Flatterbänder springt.
Aus den nur oben am Reifen befestigten Flatterbändern wird allmählich eine Folie mit großzügigen Schlitzen. Optisch bedeutet das für den Hund ein deutlicheres Hindernis als die Bänder. Die Schlitze müssen so angebracht sein, dass das Papier oder das Plastik sehr leicht reißt, wenn der Hund hindurchspringt. Über Wochen hinweg gestalten Sie die Folie ganz allmählich immer stabiler, das heißt, die Schlitze werden immer kleiner. Schließlich springt der Hund durch eine geschlossene Folie, die freilich auch dann noch leicht reißen muss.

Komm in meine Arme!

Die natürlichen Grenzen der Machbarkeit dieses Tricks sind die Größe und das Gewicht Ihres Hundes. Sie sollten den Hund gut tragen können. Bedenken Sie auch den Schwung durch den Sprung, den Sie abfangen müssen.
Zunächst muss der Hund gewöhnt sein, dass Sie ihn auf den Arm nehmen. Setzen Sie sich dazu auf einen niedrigen Stuhl. Ermuntern Sie den Hund durch Händeklatschen,

auf Ihren Schoß zu springen. Wenn der Hund auf dem Schoß sitzt, wird er für ein paar Momente getätschelt und gelobt. Umfassen Sie den Hund dann um Brust und Hinterbeine. Mit sachtem Druck heben Sie ihn daraufhin vom Schoß auf die Erde. Wiederholen Sie die Übung. Auf dem Schoß kann man den Hund gut daran gewöhnen, gehalten zu werden. Greifen Sie aber erst nach und nach fester zu. Wiegen Sie ihn ein wenig in den Armen. Gestalten Sie die Übung sehr spielerisch, und der Hund wird sie genießen.

Der nächste Schritt

Nun nehmen Sie den Hund in den Arm, stehen auf und tragen ihn herum.
Fordern Sie den Hund nun auch auf, beim Sprung auf den Schoß direkt in Ihren Armen zu landen. Stehen Sie erst auf, wenn es dem Hund offensichtlich Freude bereitet, auf Ihren Schoß zu springen. Beugen Sie die Knie, sodass der Hund sich noch auf Ihren Oberschenkeln abstützen kann, bevor er in den Armen landet. Strecken Sie nun bei jeder Übung die Beine ein klein wenig mehr. Der Hund muss nun höher und höher springen. Aber geben Sie acht, dass Sie ihn immer gut auffangen, sonst wäre Ihrem Kameraden die Freude an dem Trick schnell verdorben. Kleine, besonders agile Hunde kann man so lange anfeuern, bis sie vor Begeisterung Luftsprünge machen. Fangen Sie ihn einfach. Es ist gleichgültig, ob er Ihnen wirklich entgegenspringt oder einfach einen Luftsprung aus Überschwang macht. Ihr Schüler wird sich schnell einprägen, dass Sie ihn fangen, und dann auch gezielter springen.

Die kleine Border-Terrier-Hündin fliegt vertrauensvoll in die Arme ihres Frauchens.

Tricks für feine Nasen

In diesem Fach ist uns der Hund überlegen

Hunde leben in einer Welt der Gerüche. Sie sind prädestiniert dazu, verborgene Dinge mit ihrer feinen Nase zu orten. Kein Mensch kann es in puncto Geruchssinn mit einem Hund aufnehmen. Wie genau der Hund seine Nase einsetzt, wie er Spuren verfolgt und welche Abläufe in seinem Gehirn stattfinden, ist noch wenig erforscht. Aber das Schnüffeln liegt ihm im Blut. Ihr Hund wird es lieben, wenn er seine erstaunlichen Fähigkeiten zeigen darf und dabei noch etwas lernt. Nasentricks sind auch schon etwas für die ganz jungen Vierbeiner und erfreuen auch noch Senioren. Der Geruchssinn bleibt sehr lange erhalten.

Such den Ball!

Jeder Hund hat eine fantastische Nase, die er ständig einsetzt. Aber trotzdem muss der Hund erst verstehen, was wir mit dem Hörzeichen SUCH von ihm wollen. Es gibt 2 Möglichkeiten, dem Hund die richtige Freude am gezielten Suchen zu vermitteln und das Hörzeichen einzuführen.

Ein Spielzeug wird gerne gesucht

Am einfachsten ist es, dem Hund etwas Begehrtes zu verstecken. Welcher verspielte Hund ist nicht versessen auf seinen Ball? Lassen Sie ihn sitzen. Einen jungen Hund hält am besten eine Hilfsperson fest, oder Sie binden ihn an. Zeigen Sie ihm seinen Ball und machen Sie ihn dem Hund so richtig interessant. Dann darf der Hund beobachten, wie Sie das gute Stück in ca. 5 m Entfernung offen auf den Boden legen. Vorerst verstecken Sie den Ball noch nicht. Vergessen Sie nicht, noch etwas geheimnisvoll zu tun. Wo ist dein Ball? Gehen Sie zum Hund. Er wird es kaum erwarten können, zu seinem Ball zu gelangen. Vergessen Sie das Hörzeichen SUCH nicht. Lassen Sie sich den Ball apportieren und spielen Sie mit dem Hund. Das Spiel ist wichtig, um den Hund zu motivieren.

Alle Hunde sind begeistert, wenn sie ihr Spielzeug aus einem Schneehaufen ausbuddeln können.

Den Ball fantasievoll verstecken

Dann legen Sie den Ball allmählich immer weiter fort. Immer noch findet ihn unser Vierbeiner sehr schnell. Das ist wichtig für sein Selbstvertrauen. Jetzt können Sie dazu übergehen, den Ball ganz leicht zu verstecken, sodass der Hund es sieht. Der Hund wird an die Stelle laufen, an der er Sie beobachtet hat, und zunächst einmal etwas stutzen. Wo ist sein Ball? Muntern Sie ihn mit SUCH auf, weiter seine Nase einzusetzen, und loben Sie ihn überschwänglich, wenn der Ball gefunden ist. Jetzt werden die Verstecke etwas schwieriger. Draußen kann es ein Laubhaufen sein, drinnen das Sofakissen. Schnee ist eine tolle Abwechslung. Auch zu Hause lässt sich das Suchen üben. Wenn Ihr Hund zu den Vertretern seiner Art gehört, die nicht gerne spielen, können Sie auch Futter verstecken.

Mein Rat

Beim Suchen wird der Beute- und Jagdtrieb des Hundes angesprochen. Beute ist immer in Bewegung. Wenn der Hund keine rechte Lust zum Suchen hat, verwenden Sie einen Ball an der Schnur und lassen ihn vom Hund weghüpfen, bevor Sie ihn verstecken.

Verlorene Schlüssel finden

Hunde, die diesen Trick beherrschen, können sich überaus nützlich machen. Schnell wird sich die Fähigkeit Ihres Vierbeiners herumsprechen, und man wird Ihnen dankbar sein, wenn der Schlüssel wieder da ist und die Schließanlage nicht ausgetauscht werden muss. Der Hund wird ebenfalls mit Begeisterung seinen guten Geruchssinn unter Beweis stellen.

Schlüssel apportieren lassen

Das Hörzeichen SUCH kennt Ihr Hund schon. Üben Sie das Apportieren von Schlüsseln sorgsam, bis der Hund Schlüssel jeder Art, mit und ohne Schlüsselmäppchen, trägt und bringt. Vor allem einzelne Schlüssel sind für den Hund nicht einfach aufzunehmen. Ermuntern Sie den Hund zum Zufassen.

Die Leine als Konzentrationshilfe

Je sorgsamer Sie den Trick aufbauen, desto größere Erfolge werden Sie erzielen. Es empfiehlt sich, die ersten Übungen an einem Geschirr und einer längeren Leine durchzuführen. Schlüssel sind relativ kleine Objekte. Die Leine bremst den Überschwang des Hundes ein wenig. Der Hund orientiert sich in erster Linie an dem menschlichen Geruch, der an dem Schlüssel haftet. Schlüsselmäppchen aus Leder oder Stoff erleichtern dem Hund die Suche wesentlich. An Metall bleibt relativ wenig Geruch haften.

Das erste Mal den Schlüssel verlieren

Beginnen Sie am besten auf einem Spaziergang mit einem großen Schlüsselbund. Lassen Sie auf einem Weg den Bund fallen, sodass der Hund es bemerkt. Vermutlich wird Ihr Vierbeiner gleich zu Diensten sein wollen. Aber noch soll er den Schlüssel liegen lassen. Nehmen Sie ihn am besten an die Leine und überreden ihn freundlich mitzukommen. Nach ein paar

Metern bemerken Sie mit dramatischer Miene, dass Sie Ihren Schlüssel verloren haben. Schicken Sie Ihren vierbeinigen Helfer sofort den Weg zurück SUCH VERLOREN. Der Hund hat sich die Stelle gemerkt. Er wird sich freuen, Ihnen helfen zu können. Lassen Sie den Hund den Schlüssel nun apportieren. Findet der Hund den Schlüssel nicht sofort, ermuntern Sie ihn mit Worten zum Suchen, bis er schließlich Erfolg hat.

Fährten zum Schlüssel

Nach ein paar solchen Übungen gehen Sie dazu über, den Schlüssel vom Hund unbemerkt auf den Weg zu legen und weiterzugehen. Wieder hilft ein wenig Dramatik, den Hund auf den Missstand aufmerksam zu machen. Haben Sie Ihren Vierbeiner sorgfältig vorbereitet, wird er nicht zögern, den Weg zurückzuverfolgen. Bauen Sie jetzt auch einmal eine Abzweigung ein. Der Hund wird mit ein wenig Übung Ihrer Fährte folgen. Zögert er an der Abbiegung, ermuntern Sie ihn zum Weitersuchen. Er freut sich über das überschwängliche Lob, wenn er den Schlüssel schließlich gefunden hat. Sind Sie sich sicher, dass der Hund begriffen hat, dann können Sie ihn auch ohne Leine auf die Suche schicken.
Bevor Sie das erste Mal den Schlüssel auf einer Wiese verlieren, denken Sie daran, dass noch kein Meister vom

Bis die Schäferhünding ihre Aufgabe voll und ganz begriffen hat, hilft ihr die Leine, sich beim Suchen zu konzentrieren.

Die Kleinspitzhündin Wheaty hat den verlorenen Schlüssel aufgespürt. Sie nimmt ihn selbstständig auf, bringt und liefert den Schlüssel formvollendet ab.

Himmel gefallen ist. Merken Sie sich lieber ganz genau, wo der Schlüssel liegt. Einen einzelnen Schlüssel im hohen Gras zu finden, ist auch für eine geübte Hundenase eine Meisterleistung. Lassen Sie dem Hund genügend Zeit, seine Fähigkeiten zu entwickeln.

Versteht der Hund die menschliche Sprache?

Vom Winde verweht

Geruchsmoleküle werden sehr leicht durch Luftströmungen verweht. Wundern Sie sich nicht, wenn die Nase des Hundes beim Suchen nicht genau dem Weg der Versteckperson folgt. Der Geruch kann abgetragen worden sein. Lassen Sie den Hund ruhig seine Sache machen. Er hat mit Sicherheit die bessere Nase.

Fremde Schlüssel

Bevor Sie die Dienste Ihres Hundes anbieten, muss der Hund lernen, dass er auch Schlüssel suchen soll, die einen anderen Geruch als den ihrigen tragen. Bitten Sie einen Freund, auf einen Spaziergang mitzukommen. Berühren Sie seinen Schlüssel nicht. Hundenasen sind so fein, dass sie selbst kleinste Geruchsspuren identifizieren können. Und schließlich soll sich der Hund an fremde Gerüche gewöhnen. Der Hund wird bald begriffen haben und für eine dicke Belohnung gerne verlorene Schlüssel ausfindig machen. Er entdeckt den Schlüssel, weil der menschliche Geruch auf dem Metall sich von der Umgebung abhebt. Auch an Metall haften Gerüche.

Im Haus riecht es zu sehr nach Mensch

Etwas anders sieht die Sache aus, wenn Sie Ihre Schlüssel im Haus vermissen. Hier schwirren solch eine Vielzahl von menschlichen Geruchsmolekülen durch die Luft, dass der äußerst feine Geruch »Schlüssel« selbst für eine Hundenase untergeht, wenn der Schlüssel nicht offen liegt. Und auch dann wird der Hund ihn eher mit den Augen finden. Schließlich riecht alles nach Ihnen.

Jemanden aufspüren

Dieser Trick macht vor allem Kindern viel Spaß. Aber auch Erwachsene werden erstaunt sein, wie schnell Ihr vierbeiniger Detektiv verschwundene Personen entdeckt. Der Hund wird den Gesuchten entweder anhand der Spuren am Boden finden, oder er wird den Geruch in der Luft wittern. Eine Bodenfährte entsteht, wenn das Bodenprofil durch das Gewicht einer Person verletzt wird. Gräser werden zertreten. Der Hund kann den Unterschied zwischen verletztem Bereich und intaktem Boden mit tiefer Nase erschnüffeln. Mit hoher Nase nimmt er die Ausdünstungen des Körpers in der Luft wahr, die sich abhängig von der Witterung und den Windverhältnissen unterschiedlich lange halten.

Erste Versteckversuche

Für den Aufbau benötigen Sie Helfer. Bitten Sie für den Anfang eine Person, die dem Hund bekannt ist. Die beste Gelegenheit, diesen Trick zu üben, ist ein Spaziergang in der freien Natur. Leinen Sie den Hund an. Unser Helfer wird mit einer Belohnung oder einem Spielzeug ausgestattet. Seine Aufgabe ist es, sich dem Hund so interessant wie möglich zu machen und sich dann schnell in ungefähr 10 m Entfernung hinter einer Hecke oder Hausecke zu verstecken. Dort verhält sich der Helfer mucksmäuschenstill. Lassen Sie den Hund sofort, wenn der Helfer außer Sicht ist, mit dem Hörzeichen SUCH von der Leine. Er wird sich erinnern, wo er seinen Freund hat verschwinden sehen. Es kommt bei diesen

Diese Labradorhündin fordert mit energischem Bellen die gefundene Person auf, das Spielzeug herauszurücken.

Filmhund Nouni hat viel Routine bei der Arbeit vor der Kamera. Sie weiß genau, wann aufgenommen wird.

ersten Übungen auch nicht darauf an, dass der Hund seine Nase einsetzt, sondern dass es ihm möglichst viel Spaß macht, einen Menschen zu finden. Denn sobald der Hund den Gefundenen erreicht hat, erhält er eine dicke Belohnung oder unser Helfer gibt sein Bestes bei einem ausgelassenen Spiel. Spielen macht Lust auf mehr.

Auf die Windrichtung achten

Für die ersten Versuche ist es noch gleichgültig, aus welcher Richtung der Wind kommt. Aber schon bald soll der Hund seine Nase einsetzen. Dann ist es von Vorteil, wenn der Hund gegen den Wind suchen kann. Denn jetzt sieht der Hund den Helfer zwar noch weglaufen, aber schon bald ist dieser außer Sichtweite des Hundes und versteckt sich dann. Wichtig ist, dass sich der Helfer in der Deckung absolut still verhält. Sonst gewöhnt sich der Hund an, sich auf sein Gehör zu verlassen. Der Geruch breitet sich vom Gesuchten mit zunehmender Entfernung kegelförmig aus. Je weiter der Hund von der Person entfernt ist, desto diffuser und schwächer wird die Witterung. Je schwieriger das Versteck ist, desto eher wird der Hund nicht auf direktem Weg zum Ziel kommen. Wenn der Wind entsprechend steht, könnte er sogar von hinten herankommen. Je stärker die Witterung wird, desto schneller wird er laufen. Das Hallo, wenn der Hund gefunden hat, ist jedes Mal groß.

Fremde suchen

Sobald der Hund bekannte Personen mit Eifer sucht, kann sich ein Fremder, für die ersten Übungen noch ausgestattet mit Spielzeug oder Leckereien zur Bestätigung, verstecken. Nun hat der Hund begriffen, worum es geht, und er wird auf das Hörzeichen SUCH losstarten.

Nachrichten überbringen und Botendienste

Besonders im Haushalt kann dieser Trick von Nutzen sein. Er wird Ihnen unzählige Wege ersparen. Ihr kluger Hund hat schon gelernt, jemanden zu suchen. Jetzt geht es darum, seinen Spürsinn gezielter einzusetzen. Die Namen Ihrer Familienangehörigen kennt Asta. Nun lernt sie, Ihren Mann Peter oder die Tochter Karin gezielt anzusteuern.

Zu einzelnen Personen gehen

Rufen Sie die Familie zusammen. Sagen Sie dem Hund GEH ZU PETER. Peter lockt Asta zu sich und lobt sie kräftig. Üben Sie zunächst mit nicht mehr als 2 Personen. Erst wenn der Hund sicher unterscheiden kann, können mehr dazukommen. Jetzt kommt die Probe aufs Exempel. Peter und Karin gehen in andere Zimmer. Fordern Sie Asta auf GEH ZU KARIN. Helfen Sie ihr auf die Spur, wenn sie anfangs etwas ziellos herumstöbert. Karin ist vorbereitet und empfängt Asta mit großem Lob. Jetzt kommt Schwung in die Sache. GEH ZU PETER ist der nächste Auftrag. Den Leckerbissen möchte sich Asta nicht entgehen lassen.

Apportieren zu Personen

Nun kommt Teil zwei des Tricks, für den wieder alle zusammenkommen. Asta hat den Apportierkurs mit Erfolg absolviert. Sie schreiben Ihre Nachricht auf und rollen das Papier zusammen. NIMM ES. Asta hält das Dokument brav fest. Jetzt sagen Sie BRING ES PETER. Sie deuten auf Peter und betonen seinen Namen. Asta könnte etwas verwirrt sein. Bis jetzt hat sie immer nur zu Ihnen apportiert. Peter hilft ihr über die kleine Unsicherheit hinweg und freut sich mächtig über die Nachricht. Jetzt ist Karin an der Reihe. Schicken Sie ihr aber ein anderes Objekt. Für den Hund wird es sonst zu verwirrend. Damit die Botendienste zwischen allen Familienmitgliedern gleich gut funktionieren, müssen Sie

Dalmatinermix Duke hat Frauchen gefunden und liefert die Botschaft ab.

Am Filmset

Für den Film wird die Situation zu Hause mit einem Hilfsschauspieler geübt. Beim Dreh muss alles schon perfekt sein. Der Trainer schickt den Hund mit dem Gegenstand im Maul zur Zielperson – BRING ES IHM. Er tritt selbst hinter die Hilfsperson. Ein kleiner, aber gemeiner Unterschied: Der Hund darf den Gegenstand erst dann aus dem Maul geben, wenn der Trainer (!) das Hörzeichen AUS gibt. Dies ist eine der wenigen Situationen, bei denen keine Sichtzeichen gegeben werden. Beim Dreh wird das Hörzeichen AUS exakt in eine Sprechpause des Schauspielers platziert. Der Grund: Schauspieler haben oft widersprüchlichen Text, der den Hund verwirren kann. Oder der Hund soll in der Szene den Gegenstand gar nicht so ohne weiteres ausgeben, obwohl der Schauspieler es von ihm verlangt. Solch ein Tauziehen ist mit einem zu folgsamen Hund unmöglich. Sobald der Hund anfängt, sich am Hilfsschauspieler zu orientieren, kann der Trainer auch Schritt für Schritt hinter den Hund rücken.

den Abstand zum Hund schrittweise vergrößern, bis Sie in einem anderen Zimmer sind. Der Trick lässt sich mit einem eifrigen Apportierer fast beliebig ausdehnen. Wäre es nicht eine nette Geste, wenn Asta Ihrem Mann den Sonnenhut bringt, wenn er im Garten arbeitet?

Der Hütchen-Trick

Der Trick mit den 3 Hütchen ist ein altes Spiel, das die Polizei gar nicht gerne sieht. Aber wenn Sie Ihren Hund nicht um die verdiente Belohnung betrügen, wird niemand etwas dagegen haben, dass er sein Glück versucht. Er wird sowieso nie verlieren. Besonders auf Kindergeburtstagen ist dieser Trick ein Hit.

Für die Kleinen ist es ein Spaß, ausdauernd zu versuchen, den Hund hinters Licht zu führen. Man braucht nur 3 kleine Blumentöpfe und 1 Hundekuchen.

Ein Töpfchen umwerfen

Lassen Sie den Hund sitzen. Hasso beobachtet aufmerksam, wie Sie den Hundekuchen auf den Boden legen und einen Blumentopf darü-

Besonders große Hunde, hier Rottweilerrüde Crieou, eignen sich für Botendienste. Gleich wird's regnen.

ber stülpen. Bis der Hund begriffen hat, worum es geht, üben Sie nur mit 1 Blumentopf. Fordern Sie nun den Hund auf, sich das Guti zu holen. Je nach Temperament wird der Hund verschiedene Mittel einsetzen, um zum Erfolg zu kommen. Ermuntern Sie ihn zu allem. Wichtig ist nur, dass er nicht aufgibt, bis der Topf umgestoßen ist. Dann ist das Lob groß, und der Hund darf das Futter fressen.

Passen Sie die Größe der Töpfchen dem Hund an. Der Hund soll das Töpfchen leicht umwerfen können.

Der erste Teil fürs Publikum

Sobald Hasso ohne Zögern den Topf kippt, drehen Sie nun auch die anderen vorbereiteten Töpfe um und stellen sie neben den ersten in eine Reihe. Erklären Sie Hasso, dass er nun aufpassen muss, damit sein Leckerchen nicht verschwindet. Mit flinken Händen schieben Sie nun die Töpfe hin und her und vertauschen rechts und links. Wetten, dass Hasso die Töpfe nicht aus den Augen lässt. Wenn Sie glauben, dass Ihre Zuschauer überzeugt sind, dass das Verwirrspiel lange genug gedauert hat, stellen Sie alle 3 Töpfchen in eine Reihe.

Die Hundenase bringt's

Nun hat Hasso seinen Auftritt. Geben Sie ihm das Hörzeichen SUCH. Jetzt weiß Hasso, dass es wieder seine Nase ist, die ihn zum Ziel führen wird. Damit Hasso lernt, zielstrebig den richtigen Blumentopf umzustoßen, verwehren Sie ihm bei den ersten Übungen den Versuch, einfach alle Töpfchen umzudrehen. Sehr schnell wird Hasso begriffen haben, dass er nur an das Leckerchen kommt, wenn er auf Anhieb den richtigen Blumentopf anvisiert. Der Trick ist natürlich der Geruch des Hundekuchens. Hat Hasso erst einmal das Prinzip begriffen, kann man das Leckerchen ohne Weiteres gegen einen anderen Gegenstand austauschen. Die Blumentöpfe haben am Boden kleine Löcher, durch die der Hund gut wittern kann. Trotzdem sollten die Gegenstände nicht zu klein und möglichst aus Stoff oder Leder sein. Solche Gegenstände geben mehr Geruch ab als zum Beispiel Glas oder Metall. Das hilft der Hundenase.

Einfach nur lustige Tricks

Ein Spaß für Herrchen und Hund

Warum sollten Sie Ihrem Hund nicht ein paar Albernheiten beibringen? Es sind gute Tricks, denn die Zuschauer werden lachen. Der Hund spürt, dass Sie sich freuen, und wird stolz auf seine Leistung sein. Außerdem üben Sie immer, wenn Sie Ihrem Hund etwas beibringen, die Verständigung mit ihm. So sind auch Lacher pädagogisch wertvoll. Der Hund hat kein Gespür dafür, ob der Trick, den er vorführt, etwas albern ist. Unsere Welt ist ernst genug. Er wird es Ihnen nicht übel nehmen, wenn man sich amüsiert. Hunde verzeihen dem Menschen generell so manches.

Gönnen Sie sich und Ihrem Hund und natürlich den Zuschauern ein wenig Spaß. Auch Hunde, die in professionellen Hundeshows auftreten lieben ihre Arbeit. Es liegt in der Kunst des Ausbilders bzw. der Ausbilderin dem Tier die Freude am Tun zu vermitteln. Nur sehr phlegmatische oder ängstliche Hunde spielen da nicht mit.

Der Seehund

Bei diesem Trick lehren Sie Ihrem Hund, ein Würfelchen Käse, Wurst oder einen kleinen Hundekuchen auf der Nase zu balancieren, um es dann mit einer schnellen Bewegung der Schnauze in die Luft zu katapultieren und sich zu schnappen. (Als Balanciergegenstand eignet sich Käse besonders gut. Die meisten Hunde mögen ihn sehr gerne, er lässt sich leicht in Würfel schneiden und bleibt nicht auf der Hundenase kleben.) Diesen Trick lehren Sie zunächst getrennt in 2 Teilen: das Balancieren auf der Nasenspitze und das Fangen.

Der Käsewürfel auf der Nase

Legen Sie sich genügend Happen bereit. Lassen Sie den Hund sitzen – SITZ. Umfassen Sie sanft den Fang Ihres Vierbeiners, sodass der Hund ihn für 5 Sekunden still hält. Geben Sie dazu das Hörzeichen BLEIB. Wiederholen Sie den Vorgang 5-mal. Dann ist die erste Trainingsstunde vorbei. Später am Tag oder am nächsten Tag wiederholen Sie diese Übung. Diesmal platzieren Sie aber das Käsewürfelchen auf der Nase des Hundes. Sagen Sie BLEIB zum Hund und helfen Sie notfalls mit der Hand am Fang nach. Nach 5 Sekunden geben Sie den Hund frei – FERTIG – und nehmen den Würfel weg. Belohnt wird der Hund nicht mit dem Stück, das er balanciert hat, sondern mit etwas anderem. Wiederholen Sie diese Übung 4-mal. Fahren Sie fort, diesen Schritt zu üben, bis der Hund den Leckerbissen mindestens 15 Sekunden perfekt auf seiner Nase balanciert.

Das Schnappen nach dem Käsestückchen

Schritt 2 folgt als nächstes. Wieder liegt das Würfelchen auf der Nase. Diesmal schieben Sie mit dem Kommando

Besser als die Wurstbelohnung ...

... ist eine spezielle Wurst, die Sie von Ihrem Metzger ohne Salz herstellen lassen. An einem Übungstag können beträchtliche Mengen Belohnungshappen zusammenkommen. Bekömmlicher für den Hund sind salzlose Würste, die allerdings nicht so gut haltbar sind wie konventionelle.

Man sieht es Mischling Johnny an, dass er sehnsüchtig auf das Hörzeichen wartet. Sofort fliegt das Käsestückchen in die Luft.

FERTIG den Würfel von der Nase des Hundes zu seinem Maul. Der Hund darf den Würfel nun fressen. Lassen Sie den Hund verschieden lange Zeiten balancieren, bevor er sich mit Ihrer Hilfe den Würfel schnappen darf. Das hilft ihm zu lernen, auf Ihr Hörzeichen zu warten. Nach 1–2 Tagen werden Sie bemerken, dass der Hund von sich aus versucht, den Würfel in die Luft zu schnellen, um ihn eigenständig mit der Schnauze aufzufangen.

Nun sind sie beide bereit, den Trick zusammenzusetzen. Legen Sie dem Hund das Würfelchen auf die Nase und sagen Sie BLEIB. Treten Sie ein paar Schritte zurück und warten Sie eine Zeit lang. Sagen Sie nach variablen Zeitabschnitten FERTIG, und überschütten Sie den Hund mit Lob, wenn er sich nun das Käsewürfelchen selbst von der Nase schleudert. Fängt er es nicht und landet es auf dem Boden, darf er es auch nicht fressen. Seien Sie schneller als der Hund mit dem Aufheben. Der Hund belohnt sich sonst selbst für einen Fehler und ein falsches Verhalten schleicht sich ein.

Dieser Trick ist ein Musterbeispiel für das Prinzip der Zerlegung eines Kunststücks in einzelne Komponenten. Beginnen Sie immer mit dem ersten kleinen Teilstück. Wenn der Hund das begriffen hat, setzen Sie das nächste Stück an – und so weiter. Bis der Trick im Ganzen steht.

Geklappt! Johnny ist zielsicher und schnell genug, so dass ihm das Käsestückchen nicht herunterfällt.

Der Hund, der einen anderen ausführt

Wenn Sie zwei Hunde besitzen, werden Sie mit diesem Trick im Park bewundernde Blicke auf sich ziehen. Fido führt Fiffi an der Leine spazieren. Besonders effektvoll ist es, wenn ein großer Hund einen kleinen fest an der Leine hat. Das sieht nicht nur lustig aus, sondern ist auch ein hervorragendes Gehorsamstraining. Wie wird es gemacht?

Aller Anfang ist schwer

Zunächst bringen Sie den beiden bei, bei Ihnen gemeinsam BEI FUSS zu gehen. Sie können einen Doppelführer verwenden oder beide Hunde mit 2 Leinen führen. Letzteres ist für den Anfang sinnvoller, weil es Ihnen die Möglichkeit gibt, beide Hunde unabhängig voneinander zu führen. Lassen Sie den Hund, der die Leine später trägt, innen am Fuß gehen.

An leichten Zug auf der Leine gewöhnen

Nun muss Fido noch das Apportieren lernen. Wenn das gut klappt, lassen Sie ihn die Leine tragen, ohne dass Fiffi daran hängt. Ziehen Sie stattdessen immer mal wieder sachte an der Leine. Die meisten Hunde sind etwas zaghaft, wenn Sie den Ausführdienst beginnen und Fiffi sich nicht ganz anständig benimmt. Wenn Fido den Zug an der Leine nicht gewohnt

Mein Rat

Wenn Sie mit zwei oder mehr Hunden arbeiten, gewöhnen Sie sich an, jeden Hund mit seinem Namen und dem Hörzeichen anzusprechen. Eine gute Anfangsübung ist es, die Hunde mit 2 m Abstand nebeneinander sitzen zu lassen und sich auf Entfernung vor jeden einzelnen Hund zu stellen. ASKAN-PLATZ. Dann treten Sie 2 m zur Seite vor Lilo LILO-PLATZ. Wenn sich ein Nebenmann auch hinlegt, korrigieren Sie ihn ruhig. Sind alle Hunde gemeint, kann man auch das mit einem Hörzeichen ansagen: ALLE-PLATZ.

Irish-Wolfhound-Mischling Jacky hat die kleine Cairnterrier-Hündin Jessika fest im Griff. Jessika hat gelernt, nicht an der Leine zu ziehen.

ist, wird er die Leine sofort ausspucken. Eine gute Übung ist es auch, wenn Sie Fido die Leine apportieren lassen, an der ein leichtes Gewicht hängt. Fido lernt, den Zug nicht nur mit Ihnen zu verknüpfen.

Aber Fiffi ist nun schon so weit, dass er bei Fido korrekt bei Fuß geht. Üben Sie mit den beiden gemeinsam. Fido geht frei BEI FUSS und führt Fiffi an der Leine. Es wird klappen.

Sie können diesen Trick noch ausschmücken. Lassen Sie die beiden halten – SITZ. Vertrauen Sie Fido die Leine an und lassen Sie nur Fiffi ins PLATZ gehen oder stehen. Dann fordern Sie Fido auf, langsam zu Ihnen zu kommen. Oder tragen Sie Fido auf, Fiffi zu einer anderen Person zu führen. Achtung: Ihr Freund darf die Hunde nicht rufen, sonst prescht Fiffi los und Fido hat seine liebe Last, ihn zu bremsen.

Den Kinderwagen schieben

Finden Sie zunächst den richtigen Kinderwagen. Wenn Sie keinen Nachwuchs haben, lässt sich auf dem Flohmarkt sicherlich das passende Modell finden. Er muss auf die Größe des Hundes abgestimmt sein. Für einen kleinen Hund wie Jessika wählen Sie einen Puppenwagen. Wenn Jessika schon auf den

Hinterbeinen gehen kann, ist das die beste Vorbereitung. Es ist nicht nötig, dass sie weite Strecken zurücklegt. Es kommt nur darauf an, dass die Bewegung ihr keine Schwierigkeiten bereitet. Beim Schieben kann Jessika sich auf den Griff abstützen und so ihr Gewicht verteilen. Meistens wird es nötig sein, vorne am Wagen ein Gegengewicht anzubringen oder etwas Schweres in den Wagen zu legen, damit der Hund ihn nicht durch sein Gewicht zum Kippen bringen kann. Der Griff muss für den Hund bequem mit den Vorderpfoten zu erreichen sein.

Schieben will gelernt sein

Die Technik des Schiebens lernt der Hund mit einem einfachen Hilfsmittel. Ein Besenstiel oder eine Stange ist das richtige Trainingsgerät. Halten Sie ihm die Stange ungefähr in Höhe des Kinderwagensgriffs hin und animieren Sie ihn, die Vorderpfoten auf den Stab aufzulegen – PFOTEN AUF. Vermeiden Sie, dass er sein ganzes Gewicht auf die Stange legt. Heben Sie den Stiel so weit an, bis das Hauptgewicht wieder auf den Hinterbeinen ruht. Spielen Sie ein wenig mit der Stange, bis Sie den richtigen Winkel und die richtige Höhe gefunden haben, dass der Hund ausbalanciert ist. Jetzt geben Sie das Hörzeichen VORAN und gehen zentimeterweise zurück. Sie werden spüren, wie der Hund jeden Muskel spielen lässt, um die ungewohnte Bewegung zu üben. Lassen Sie sich und ihm viel Zeit, bis Sie den

Jessika lernt mit einem Stab, die Vorderpfoten aufzusetzen, und schiebt den Wagen dann routiniert.

Mein Rat

Kleine Hunde lernen das Gehen auf den Hinterbeinen am schnellsten, wenn man ihnen gestattet, die Vorderpfoten auf das Menschenbein aufzustützen und man selber langsam rückwärtsgeht. Größere Vierbeiner dürfen die Pfoten auf den Arm legen.

richtigen Druck auf der Stange spüren.
Jetzt erst führen Sie den Kinderwagen ein. Gehen Sie neben Ihrem neuen Kindermädchen und dem Wagen her, bis der Hund gelernt hat, sich auch mit diesem Gefährt richtig auszubalancieren. Halten Sie anfangs lieber eine Hand unter den Griff, damit der Wagen nicht kippt, wenn der Hund sich zu stark aufstützt. Das würde ihm schnell die Freude nehmen und Sie hätten Mühe, ihn wieder zu motivieren. Das ist kein ganz einfacher Trick.

Mein Rat

Eine fast unsichtbare Körperhilfe: Für diesen Trick können Sie sich das feine Bewegungssehen von Hunden nutzbar machen. Verlagern Sie Ihr Gewicht immer auf das Bein, das der Hund gerade umrunden soll.

Achter und Zickzack durch die Beine

Zwei Tricks, vor allem für mittelgroße Hunde. Für die ganz Kleinen muss man sich bücken, die Großen können den eigenen Stand gefährden.

Der flotte Achter

Hier läuft der Hund eine Achterlinie um Ihre Beine. Sie können ihm diesen Trick gut durch Locken mit Futter oder einem Spielzeug beibringen. Stellen Sie sich mit leicht gespreizten Beinen hin. Der Hund sitzt oder steht links neben Ihnen. Halten Sie in jeder Hand einen Futterbrocken. Greifen Sie mit der rechten Hand von hinten zwischen Ihren Beinen durch und locken Sie den Hund von vorne nach hinten unter Ihnen hindurch und dann außen am rechten Bein vorbei. Fürs Erste erhält der Hund hier sein Leckerchen. Dann führt die linke Hand den Hund ohne Pause wieder zwischen den Beinen hindurch nach hinten um das linke Bein herum. Vorne wird der Hund wieder belohnt.

Führen Sie diese Übung ein paarmal durch und bestätigen Sie den Hund bald nicht mehr für jeden halben Achter. Aber steigern Sie die Anforderungen schrittweise, bis Sie den Hund die ganze Acht führen können.
Jetzt kommt der Moment, in dem Sie das Kommando ACHTER einführen und die Leckerchen weglassen. Belohnen Sie stattdessen mit lobenden Worten. Am Anfang weisen Ihre Hände dem Hund noch den Weg.

Der Slalom durch die Beine

Bei diesem Trick läuft der Hund, während Sie vorwärtslaufen, im Zickzack durch Ihre Beine mit. Auch dieser Trick wird einstudiert, indem der Hund mit Futter oder einem Spielzeug gelockt wird. Sie sollten dem Hund als Vorstufe den Achter um die Beine beibringen. Zwar ist der Slalom trotzdem für den Hund eine neue Form, aber er hat bereits das Vertrauen, unter Ihnen durchzulaufen. Lassen Sie den Hund an Ihrer linken Seite stehen. Nun greifen Sie mit dem rechten Bein zum Schritt aus und bleiben so stehen. Die rechte

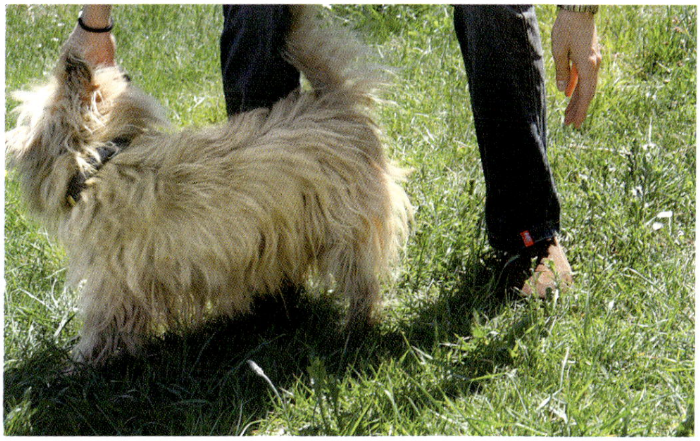

Um der Cairnterrier-Hündin Jessika den Achter-Trick mit einem Spielzeug beizubringen, muss man sich bücken.

Hand lockt den Hund hinter dem rechten Bein durch. Belohnen Sie den Hund anfangs schon für diesen kleinen Teilschritt. Dann stellen Sie den linken Fuß vor und gehen analog zur rechten Seite vor. Auch für diesen Schritt wird der Hund gelobt.
Im nächsten Schritt halten Sie in beiden Händen Futter und üben fließend einen rechten und einen linken Schritt. Wiederholen Sie diese Übung so lange, bis sie fließend klappt. Jetzt ist es Zeit für eine Belohnung und das Einführen des Kommandos ZICK ZACK. Sobald die Motivation des Hundes hoch genug ist, wird dieser Trick Ihrem Vierbeiner viel Freude bereiten und er wird ihn gerne vorführen.

Variable Belohnung für hohe Motivation

Hunde gewöhnen sich sehr schnell an ein Schema und erwarten seine Einhaltung. Wird ein Verhalten immer belohnt, wenn er z. B. 2- oder 5-mal durch die Beine gelaufen ist, wird der Hund an dieser Stelle stoppen und seine Belohnung fordern. Der Hund kann zwar nicht zählen, aber er kann eine Zeitdauer sehr genau einschätzen. Erfolgt die Belohnung dagegen unberechenbar, bleibt die Motivation des Hundes hoch.

Tricks für Grips und Konzentration

Es ist noch kein Meister vom Himmel gefallen

Wenn Sie einen der folgenden Tricks vorführen, werden viele Leute erstaunt sein, wie gut Ihr Hund denken kann. Sie werden viel Eindruck machen - auch wenn Ihr Hund »nur« gelernt hat, auf sehr feine Zeichen zu achten, oder seine Nase einsetzt. Geschickt inszeniert, stehlen Sie mit diesen Tricks jedem die Show und Beifallsstürme sind sicher. Nur Mut! Ihre Vorführung wird die nichts ahnenden Zuschauer überraschen. Aber lassen Sie den Spaß unkommentiert und verraten Sie nicht den Trick. Es wäre schade um die Wirkung. Bei diesen Tricks kommt es auch auf die exakte Vorführung an. Üben Sie deshalb lieber etwas länger.

Sprechen, zählen, rechnen

Diese Tricks sollten Sie nicht auslassen. Bellt der Hund auf GIB LAUT kräftig, müssen Sie sich entscheiden, ob er bellen soll, bis Sie ihm sagen, dass er aufhören soll, oder ob jedes GIB LAUT ein Bellton sein soll. Für die Art der Tricks, die Sie mit dem Hund einüben können, ist das wichtig. Die meisten Tricks funktionieren mit dem einzelnen Bellen. Natürlich müssen Sie jetzt noch weiter üben, sodass Ihr Schüler auf einen für die Zuschauer nicht sichtbaren Wink hin bellt. Das kann z. B. eine bestimmte Art des Einatmens sein, eine leichte Bewegung der Hand oder des Fingers beziehungsweise des Gesichts. Bis Ihr Hund freilich auf solch feine Zeichen hin reagiert, müssen Sie beide sehr fleißig üben.
Gut ist es auch, wenn der Hund Blickkontakt zu Ihnen hält und so lange bellt, bis Sie den Blickkontakt abbrechen. Verstummt der Hund darauf, loben Sie ihn.

Dog-Talk – die Sprachmelodie

Wahrscheinlich haben auch Sie schon festgestellt, dass Vierbeiner von sich aus gerne mit Menschen reden. Freilich nicht so, wie wir Menschen uns untereinander unterhalten, aber doch deutlich genug, um uns ihre Wünsche deutlich zu machen. Der Hund bellt, wenn er Gassi gehen muss, er bellt, wenn er Hunger hat.
Für eine gepflegte Unterhaltung vor Publikum müssen Sie in erster Linie dafür sorgen, dass Sie die ungeteilte Aufmerksamkeit Ihres Gesprächspartners genießen. In der Regel müssen Sie Augenkontakt herstellen. Fragen Sie Ihren Hund einmal im speziellen Singsang des Fragesatzes HAST DU HUNGER? und geben Sie ihm anfangs noch das - geheime - Zeichen fürs Bellen. WAU! Sofort gibt es ein Leckerchen! Für den Hund ist die Sprachmelodie der Auslöser für das Bellen. Vergessen Sie aber nicht, die Belohnung variabel zu gestalten. Der Hund soll ja vor Publikum nicht nur für Futter bellen. Mal gibt es ein Leckerchen, mal ein Lob - in lockerer Reihenfolge.

Mein Rat

Lassen Sie den Hund zur Übung immer wieder unterschiedlich lange bellen, sodass er sich nicht an eine bestimmte Anzahl gewöhnen kann, zum Beispiel immer 4 oder nie mehr als 10 Beller.

Nouni hat gelernt, beim Zählen für jeden Gegenstand einmal zu bellen. Die Finger sind eine Hilfe.

Zählen

Dieser Trick muss gesondert vom obigen geübt werden, sonst wird der Hund verwirrt. Wenn der Hund auf die Sprachmelodie des Fragesatzes hin einmal bellt, so üben Sie das Mehrfachbellen mit einem anderen Sicht- und Hörzeichen in einer anderen Position.
Ihr Hund ist tatsächlich schlau genug, dass er zählen kann, wie viele Tennisbälle Sie ihm vorlegen. Der Trick ist, dass der Hund lernt, auf ein geheimes Zeichen hin mit dem Bellen anzufangen und auf ein weiteres Zeichen zu verstummen. Stellen Sie den Hund eine Frage. Wie viel Bälle sind das, Wuschl? Am wenigsten fällt auf, wenn Sie bei der letzten Silbe den Kopf leicht anheben. Wuschl fängt an zu bellen. Sie senken den Kopf wieder und Wuschl hört auf. Damit Wuschl überhaupt anfängt, sich zu äußern, können Sie ihm einen Futterbrocken vor die Nase halten. (Diese Bewegung kann angedeutet zum Sichtzeichen werden.) Das kennt er vom Lernen des GIB LAUT. Übertreiben Sie anfangs die Kopfbewegungen. Heben Sie etwas theatralisch den Kopf, sagen Sie SPRICH, und halten Sie ihm das Futter hin. Wenn der Hund nur einmal bellt, warten Sie ein wenig und wiederholen das Hörzeichen. Der Hund wird bellen und erhält seine Belohnung mit dem Senken des Kopfes.

Der »Kluge Hans«

Rechnende Tiere sind sogar schon in die Geschichte eingegangen. So das Pferd Hans, das scheinbar über mathematische Fähigkeiten verfügte. Leider verlor die Wissenschaft das Interesse, sobald deutlich wurde, dass das Pferd nur auf unglaublich feine Körpersignale der Fragesteller reagierte. Diese Fähigkeit der Tiere lässt sich perfekt für einen Trick nutzen, der immer Erstaunen hervorruft.
Da die Wirkung des Tricks von der exakten »Antwort« Ihres Schülers abhängt, müssen Sie hier wie beim Zählen sehr genau trainieren. Fragen Sie Susi, wie viel 2 + 3 ist. Ihrem Hund ist es gleichgültig, ob Sie ihn Äpfel zählen lassen oder ihm Rechenaufgaben stellen. Wenn Sie sorgsam gearbeitet haben, wird er nur auf Ihre Zeichen achten, die freilich für das Publikum unsichtbar sein müssen.

Namen von Gegenständen lernen

Border Collie Rico hat große Begeisterung hervorgerufen. Auch die Wissenschaft ließ sich die Gelegenheit nicht entgehen, den Wunderhund zu untersuchen. Rico kann über 250 Gegenstände dem Namen nach richtig zuordnen und hat damit die kognitiven Fähigkeiten eines 3-jährigen Kindes. Rico kann darüber hinaus wie Kinder auch in abstrakten Kategorien denken. Er erkennt, dass ein unbekanntes Wort zu dem einzigen unbekannten Gegenstand inmitten vertrauter Dinge gehören muss.

Namen lernen

Rico hat seine Fähigkeiten erlangt, weil er als Workaholic, bedingt durch eine Verletzung, gut beschäftigt werden musste. Das verrät, dass Höchstleistungen nur mit großem Zeitaufwand zu erwarten sind. Fangen Sie klein an! Suchen Sie sich ein Lieblingsspielzeug, vielleicht einen Ball, heraus. Immer wenn Sie mit dem Hund spielen, benennen Sie den Ball: WO IST DER BALL? BRING DEN BALL! Dann positionieren Sie den Ball neben einem anderen Spielzeug und fordern den Hund auf, den Ball zu bringen. Sobald Rico II den Ball zuverlässig bringt, führen Sie ein zweites Spielzeug ein. Der Ball bleibt nun so lange aus dem Spiel, bis der Hund den Quietschigel bringt, auch wenn er unter anderem Spielzeug liegt.

Auch in Ihrem Hund könnte ein Rico stecken

Sobald der Hund mehr als 3 Gegenstände aufgrund des Namens bringt, stellen Sie Rico II vor die Aufgabe, dass der Ball und der Igel nebeneinander liegen. Fordern Sie den vierbeinigen Schüler auf, den Ball zu bringen. Bringt er Ihnen den Igel, ignorieren Sie den Fehler einfach. Die Verknüpfung sitzt noch nicht fest genug. Nehmen Sie Rico II den Igel kommentarlos ab und schicken Sie ihn erneut nach dem Ball. Wichtig ist, dass der Hund bei allen Unterscheidungsübungen die Gegenstände anfangs leicht sieht und nicht erst suchen muss. Eine Zeit lang werden

Trick

Winseln auf Kommando

Dog-Talk wird noch viel interessanter, wenn der Hund nicht nur bellen, sondern auch auf Kommando winseln kann. Lassen Sie den Hund sich dazu seitlich hinlegen. Gehen Sie nahe zum Hund, damit er nicht aufsteht, und fordern Sie ihn nicht zu drangvoll auf zu bellen. In dieser Position wird er nur ein Winseln herausbringen, was Sie sofort bestätigen. Als feines Sichtzeichen spielen Sie mit Ihren Fingern in der Luft Klavier. (Vorschlag für das Hörzeichen: SPEAK)

Noch hat Duke keine 250 Gegenstände im Repertoire.

Sie das Gefühl haben, dass Ihr Hund nach dem System von Versuch und Irrtum arbeitet. Das ist vollkommen in Ordnung. Gehen Sie nicht zu schnell voran. Nehmen Sie immer erst dann einen neuen Gegenstand hinzu, wenn der Hund alle anderen sicher unterscheiden kann.

Der lesende Hund

Diesen Trick kann Ihr Hund nur meistern, wenn er sich auf seine Nase konzentriert. Perfekt vorgeführt, wird niemand hinter den wahren Grund kommen, warum Ihr Hund plötzlich lesen kann. Stellen Sie zunächst 4 DIN-A5-große Karten her, auf denen 4 verschiedene Wörter geschrieben stehen, deren Laut für den Hund eine Bedeutung hat. Also z. B. »Gassi«, »Fressen«, »Käse«, »Knochen«.

4 Worte, 4 Düfte

Kein Hund kann lesen, aber alle können Gerüche sehr genau unterscheiden. Reiben Sie jede Karte sparsam, sodass es keine sichtbaren Flecken gibt, mit einem speziellen Duft ein. Zum Beispiel »Gassi« mit frischem Gras, »Fressen« mit Wurst, »Käse« mit gut riechendem Käse und »Knochen« mit einem Suppenknochen. Halten Sie die Karten immer getrennt. Jede braucht ihre eigene Ablage, denn wenn sie Kontakt haben, durchmischen sich die Düfte und der Hund kann sie nicht mehr unterscheiden. Nun bringen Sie dem Hund das Wort bei, das zu jedem Geruch gehört. Üben Sie pro Sitzung nur mit einer Karte. Der Hund kann die Karte nur anzeigen oder aus einem kleinen Ständer heraus apportieren. Sagen Sie z. B. BRING FRESSEN. Erst wenn der Hund alle 4 Karten getrennt gut annimmt, können Sie den Versuch wagen und 2 möglichst verschiedene Karten kombinieren. Fehler

Cairnterrier-Hündin Jessika weiß, dass das Wort »Gassi« nach Gras riecht. Verraten Sie den Trick nicht.

übergehen Sie ohne Kommentar. Fordern Sie den Hund einfach noch einmal auf, Ihnen die richtige Karte BRING FRESSEN zu bringen. Lassen Sie sich die Karte geben, loben Sie den Hund und sagen noch ein paar Mal geheimnisvoll FRESSEN. Dann gibt es die Belohnung. Bei so viel Motivation sollte es nicht mehr lange dauern, bis der Hund perfekt »lesen« kann.

Auf die Show kommt es an

Schon bald werden Sie alle 4 Karten nebeneinanderlegen können. Formulieren Sie für das Publikum die Aufgabe als gut gestellte Frage, und der Hund wird Ihnen die richtige Karte bringen. Inzwischen hat der Hund die Gerüche mit den gesprochenen Wörtern verknüpft. Sie können das Spiel natürlich auch abwandeln und z. B. fragen: WAS HAT DER ARZT HERRCHEN VERSCHRIEBEN? Der Hund holt die Karte »Gassi gehen«. Sie müssen den Hund nur auf ein bestimmtes Schlüsselwort hin trainieren. In unserem Beispiel könnten Sie etwa »Arzt« mit der Karte »Grasgeruch« ist gleich »Gassi gehen« verknüpfen. Um den Hund nicht zu verwirren, sollten Sie die Karte GASSI für das Schlüsselwort ARZT reservieren.

Training auf ein Schlüsselwort

Der oben genannte Satz ist nur für das Publikum bestimmt. Für Sie und den Hund ist nur das Wort ARZT wichtig. Nehmen Sie die Gassi-Karte aus dem Spiel. Vergewissern Sie sich, dass Ihr Hund Ihnen seine volle Aufmerksamkeit schenkt. Setzen Sie sich am besten auf einen Stuhl. Der Hund sitzt vor Ihnen und wartet gespannt, was kommt. Nun kommt es darauf an, ob Sie sich die Karte bringen lassen wollen oder ob der Hund sie mit der Nase anzeigen soll. Halten Sie dem Hund auf jeden Fall die Karte vor die Nase, um ihn mit dem Geruch vertraut zu machen. Dann sagen Sie in einem Fall BRING-ARZT und geben dem Hund die Karte ins Maul. Wiederholen Sie den Vorgang so oft, bis der Hund die Karte gut annimmt. Dann kombinieren Sie die Gassi-Karte mit einer anderen und fordern den Hund wieder auf BRING-ARZT. Schon bald wird der Hund wissen, was Sie von ihm wollen, und Sie brauchen das Wort BRING nicht mehr.

Soll der Hund die Karte mit der Nase anzeigen, belohnen Sie jeden Kontakt zwischen der Hundenase und der Karte mit Lob - FEIN. Führen Sie nun den Satz WAS HAT DER ARZT HERRCHEN VERSCHRIEBEN? ein. Halten Sie beim Wort ARZT ein und betonen Sie das Wort. Sollte der Hund nicht reagieren, helfen Sie ihm mit BRING. Dieses Training auf ein Schlüsselwort müssen Sie mit allen Karten durchführen. Sobald Sie mehrere Karten benutzen und merken, dass der Hund unkonzentriert ist und Fehler macht, nehmen Sie die Lieblingskarte aus dem Spiel, trainieren noch einmal mit dieser und beenden für den Tag das Üben.

Am Filmset

Auch Kommissar Rex kann nicht lesen. Wenn seine Augen scheinbar gespannt auf einen Text in einem Buch gerichtet sind, verfolgt er in Wahrheit eine Scheibe Wurst, die für den Zuschauer unbemerkt auf den Seiten hin und her bewegt wird.

Grundschule für Filmhunde

So machen es die Profis

Ein Filmstar muss durch eine gründliche Schule gehen, bevor der erste Auftrag winken kann. Alle Grundkommandos wie SITZ, PLATZ, BLEIB, KOMM sitzen jetzt. Die weitere Schule für den künftigen Star unterscheidet sich von der Ausbildung des Privathundes in der Vielfalt und Genauigkeit. Hier erhalten Sie einen Einblick in die Grundschule zum Selberüben. Wenn Sie mit einem Hund Ambitionen haben, zum Film zu gehen, bilden die vorgeschlagenen Übungen die Grundlage für eine erfolgreiche Arbeit. Aber auch für die perfekte Privat-Show sind diese Übungen hilfreich. Machen Sie doch aus Ihrem Trick-Dog einen Profi.

SITZ, PLATZ, STEH und BLEIB in Perfektion

Sobald der Hund diese Hörzeichen sicher für eine kurze Zeit beherrscht, muss der Trainer die Aktion auch auf mehrere Minuten ausdehnen. Hunde sind in vielen Szenen nur Beiwerk. Manchmal dauert es auch Minuten zwischen dem zentimetergenauen Einrichten des Hundes und dem Beginn des Drehens. Meist sind technische Schwierigkeiten schuld oder der Tonmann hat Störgeräusche im Kopfhörer. Oft sind es Flugzeuge, die vor allem an abgelegenen Drehorten immer wieder die Stille stören.

Aber der Schauspielschüler muss sich nicht nur daran gewöhnen, die Stellung sehr lange zu halten. Viele Kameraeinstellungen verlangen eine sehr genaue Positionierung. Da kann es schon mal um Zentimeter gehen. Wenn der Hund behutsam daran gewöhnt wird, dass man ihn etwas in der Stellung korrigiert, wird er stets gelassen bleiben. Üben Sie auch, dass der Hund den Kopf in verschiedene Richtungen wen-

Am Filmset

Da bei Tonaufnahmen mit Schauspielern in der Regel keine Hörzeichen gegeben werden dürfen, muss der zukünftige Filmhund die meisten Aktionen allein auf Sichtzeichen beherrschen. In Ausnahmen kann der Trainer Sprechpausen der Schauspieler nutzen. Eine Präzisionsarbeit.

Schauen ist eine Grundübung für Filmhunde. Auch Umschauen, ohne die Stellung zu ändern, muss geübt sein.

»Tierarzt Dr. Engel«: Der Regisseur bespricht die nächste Szene. Der Hund muss geduldig in der Schubkarre warten.

det, sich also zum Beispiel umschaut, ohne die Körperhaltung zu ändern.

Am Filmset

Üben einfach nach Drehbuch? Schön wär's. Aber das Drehbuch gibt nur prinzipielle Hinweise, wie eine Szene im Film auszusehen hat. Selten wird es genau so umgesetzt, wie es im Buch steht. Es kommt auf die Regie und die Kameraführung an, wie die Szene beim Dreh aufgelöst wird. In den meisten Fällen müssen Filmhunde und ihre Trainer sehr flexibel sein.

Übung

Lassen Sie Ihren Hund sitzen und entfernen Sie sich 2 m. Nützlich ist eine Armbanduhr mit Weckerfunktion. Stellen Sie 2 Minuten ein. Erregen Sie durch Ihre Körperhaltung und eventuell ein Spielzeug die Aufmerksamkeit Ihres Schülers. Versuchen Sie, so wenig wie möglich Geräusche zu machen. Nach 2 Minuten gehen Sie still zum Hund und loben ihn. Dehnen Sie die Übung auf 5 Minuten und mehr aus. Denken Sie an den Fall, dass es beim Dreh zu Verzögerungen kommt. Damit der Hund mit sehr langen Zeiten nicht überfordert wird, müssen Sie lernen, dem Hund zu vermitteln, dass zwar keine angespannte Aufmerksamkeit angesagt ist, er aber dennoch regungslos am Platz verharren muss, um die Position nicht zu verändern. Bannen Sie den Hund mit Ihrer Körpersprache und Blickkontakt. Sie werden spüren, wenn Ihr Schüler mit all seinen Sinnen bei Ihnen ist. Dann lassen Sie locker, behalten den Hund aber im Auge und korrigieren ihn sofort, wenn er sich hinlegen oder aufstehen will. NEIN-SITZ-BRAV. Seien Sie mit dem Gebrauch der Stimme sehr sparsam. Beim Dreh können Sie auch nicht reden. Üben Sie das Ganze 1 Minute lang.

Schritt 1: Im SITZ, PLATZ und STEH ein wenig am Hund herumrücken, d. h. die Position leicht verändern.

Schritt 2: Hund sitzt, liegt Platz oder steht und wendet nur den Kopf.

Schritt 3: Langes Ausharren in einer Stellung üben mit wechselnder Anspannung und Entspannung, ohne dass der Hund die Position ändert.

Die Trainerin steht mit einem Spielzeug neben der Kamera. Der Hund darf nicht auf das Mikrofon schauen.

KOMM und HIER

Für die Filmarbeit ist es nicht ausreichend, dass der Hund zuverlässig kommt. Er muss praktisch die 3 Grundgangarten Schritt, Trab und Galopp auf Hörzeichen beziehungsweise je nach Ermunterung zeigen.

Übung

Beginnen wir mit dem langsamen Herankommen. Legen Sie den Hund ins PLATZ und entfernen Sie sich ca. 5 m. Rufen Sie den Hund dann sanft, sehr leise und ohne große Körperbewegung KOMM-LANGSAM. Ziel ist es, dass der Hund im Schritttempo zu Ihnen geht. Bremsen Sie ihn, wenn er im Übermut zu schnell wird, indem Sie mit ausgestreckter Handfläche eine Bewegung gegen ihn machen. LAAANG-SAAAM signalisiert auch Ihre Stimme. Bei sehr lebhaften Hunden kann man bei dieser Übung eine längere Leine am Halsband befestigen und sie am Boden schleifen lassen. Das bremst. Ist der Übermut

Mein Rat

Um dem Hund unmissverständlich zu signalisieren, dass jetzt eine erhöhte Aufmerksamkeit angesagt ist, können Sie ein Hörzeichen einführen, das besonders positiv konditioniert wurde. ACHTUNG oder ARBEIT könnte so ein Wort sein, das der Hund zunächst mit einer besonderen Belohnung verbindet. Nennen Sie das Wort, und wenn der Hund aufmerksam wird, erhält er eine Belohnung. Der Hund muss aber an seinem Platz bleiben. Gehen Sie zu ihm. ACHTUNG hilft dem Filmhund auch im Trubel alle Sinne auf den Trainer zu konzentrieren. Aber gehen Sie sparsam mit dem Zauberwort um, sonst verliert es seine Wirkung.

Am Filmset

Der Unterschied zwischen den Hörzeichen KOMM (ruhig und gedehnt gesprochen) und HIER (dem hellen und aufmunternden Laut) ist für den Hund ein wichtiges Signal. KOMM verwendet der Filmtiertrainer für langsame Aktionen, HIER für schnelle.

zu groß, kann eine Hilfsperson die Leine aufnehmen und leicht gegenhalten, ohne zu ziehen. Wenn Sie geschickt im Umgang mit der 10-m-Leine sind, können Sie auch alleine üben, indem sie die Leine 5 m hinter dem Hund um einen Pfosten oder Baum führen und selbst etwas bremsen. Aber Achtung! Bei dieser Methode legen sich viele stürmischen Vierbeiner erst recht ins Zeug. Unterbrechen Sie das lieber mit einem SITZ, bevor Sie wieder zum KOMM-LANGSAM auffordern.

Bei der nächsten PLATZ-Übung rufen Sie lebhaft und lauter HIER. Der Hund soll schnell zu Ihnen kommen. Jetzt spielen Sie auf der Klaviatur Ihrer Stimme und finden heraus, wie Ihr Hund reagiert. Wechseln Sie das Tempo auch einmal innerhalb einer Übung. Zunächst schleicht der Hund bis zur Mitte des Weges, dann sprintet er heran. Lassen Sie den Hund zwischendurch auch einmal anhalten (HALT oder STOPP).

Schritt 1: Den Hund im Schritttempo herankommen lassen.

Schritt 2: Den Hund möglichst schnell herankommen lassen.

Schritt 3: Zwischen langsam und schnell mehrmals wechseln, bis der Hund da ist.

Mein Rat

Das Stopp-Schild: Strecken Sie den Arm aus und halten Sie Ihre Hand mit gespreizten Fingern dem Hund wie ein Verkehrspolizist seine Kelle entgegen. Das ist das ultimative Halt-Zeichen, das den Hund aus jeder Gangart unmittelbar stoppen muss.

Bei der Arbeit mit der langen Leine lernt der Hund, sein Tempo sehr genau auf die Stimme abzustimmen. Die Leine führt hier um einen Pfosten herum. (Nicht mehr auf dem Bild.)

Einen Gegenstand gezielt ablegen

Auch Hunde, die sicher apportieren können, legen einen Gegenstand nicht unbedingt an einem bestimmten Ort ab. Für Filmhunde ist dies aber eine wichtige Übung.

Übung

Zum Anlernen sind zwei Hocker oder Podeste in Brusthöhe vom Hund gut geeignet. Podest A und B stehen ca. 4 m voneinander entfernt. Auf Podest A wird das Bringsel gelegt. Aufgabe ist es, dass der Hund das Bringsel von A aufnimmt und auf Podest B ablegt. Schicken Sie den Hund nach A - NIMM ES. Jetzt dirigieren Sie Ihren Schüler so nahe zu Podest B, dass seine Brust anstößt. Berühren Sie mit dem Finger das Podest - LEG ES HIN. Zögert der Hund, können Sie ihm als Anfangshilfe das Hörzeichen AUS geben. Nach ein paar Wiederholungen wird der Hund begriffen haben. Testen Sie den Fortschritt: Im fertigen Übungsaufbau zeigen Sie dem Hund, bevor (!) Sie ihn zu A

Die Übung mit den zwei Stühlen ist eine gute Möglichkeit, dem Hund das gezielte Ablegen eines Gegenstandes beizubringen.

Trick

Differenzierte Hörzeichen zum Apportieren

NIMMS = etwas in den Fang nehmen aus der Hand, auch aufnehmen vom Boden o. Ä.

HALTEN = etwas festhalten

BRING = etwas überbringen

AUS = den Gegenstand sofort ausgeben (»ausspucken«)

LEG'S HIN = den Gegenstand vorsichtig ablegen

schicken, wo er den Gegenstand ablegen soll (B) - DA LEG ES HIN. Dann schicken Sie den Hund mit dem Auftrag NIMM ES zu A und weiter Richtung B. Aber jetzt bleiben Sie Schritt für Schritt B fern. Als Hilfe für den Hund können Sie auf B ein Leckerchen ablegen, das der Hund aufnehmen kann, sobald er den Gegenstand abgelegt hat. In Perfektion können Sie den Hund aus der Entfernung leiten und ihn den Gegenstand am richtigen Ort hinlegen lassen.

Schritt 1: Den Hund von A aufnehmen lassen. Selbst nach B mitgehen.

Schritt 2: Bei A aufnehmen lassen und den Hund nach B schicken.

Springen in jeder Lebenslage

Ihr Hund springt auf HOPP über alle möglichen Hindernisse. Üben Sie auch, wenn der Hund von seiner Größe her nicht frei springen kann. Wichtig ist, dass der Hund die Zurückhaltung vor unbekannten Hindernissen verliert.

Übung

Suchen Sie sich ein nicht zu hohes Hindernis. Setzen Sie den Hund im richtigen Abstand vor den Sprung (SITZ). Gehen Sie auf die andere Seite vom Sprung und legen Sie dort als Motivation für den Hund ein Spielzeug oder Futter ab, sodass es der Hund sofort sehen muss, wenn er landet. Nun positionieren Sie sich seitlich vom Sprung und schicken den Hund mit HOPP zum Spielzeug. Der Hund lernt, dass er nicht nur von Ihnen weg springt. Eine wichtige Übung. Verändern Sie auch Ihre Körperhaltung, sodass Sie z. B. das Kommando auch einmal aus der Hocke heraus geben. Es ist nicht gesagt, dass Sie beim Dreh immer aufrecht stehen können, um dem Hund Anweisungen zu geben. Auch der Sprung aus mäßiger Höhe will trainiert sein. Wenn Lassie aus dem Fenster springt oder Rex vom Steg ins Wasser, ist das das Ergebnis sehr geduldigen Aufbaus. Zu keiner Zeit darf der Hund gezwungen werden.

Schritt 1: Mit einem Motivationsobjekt lernt der Hund unabhängig von Ihrem Standort zu springen.

Schritt 2: Der Hund soll unabhängig von Ihrer Körperhaltung springen.

Schritt 3: Üben Sie den Sprung aus der Höhe und ins Wasser.

Aufmerksames Schauen

Dies ist eine Hauptübung für Filmhunde. Sie klingt leicht, ist es aber bei der großen Ablenkung am Set nicht. Der tierische Schauspieler lernt, aufmerksam und unverwandt seinen Trainer oder ein Objekt mit den Augen zu fixieren. Der Blick auf den Trainer ist ja noch einfach zu lehren, da der Trainer hier auch viel mit einer leicht angespannten Körperhaltung die Aufmerksamkeit des Hundes halten kann. Der Blick auf ein bestimmtes Objekt muss konditioniert werden, das heißt, der Hund lernt, dass er zum Beispiel seinen Ball auf SCHAU nur anschauen muss, damit er nach einer Weile mit ihm spielen darf.

Nouni und Attila schauen sehr interessiert das Hundebuch an. Die Lösung: Unter dem Buch liegt ein Guti.

Übung 1

Lassen Sie Ihren Hund vor einem Tisch sitzen und legen Sie ein Spielzeug oder Futter auf den Tisch. Deuten Sie noch einmal auf den Gegenstand und sagen SCHAU. Treten Sie dann hinter (!) den Hund und sagen SCHAU. Die Übung mit dem Tisch wird Ihr Hund schnell begriffen haben. Dann legen Sie das Spielzeug an weniger einsehbare Orte, zum Beispiel in ein Bücherregal, und verstecken Sie es auch einmal außer Sicht. Immer wird der Hund nach dem ausdauernden Schauen kräftig gelobt. Während der Übung halten Sie sich mit Lob zurück, damit sich der Hund nicht umschaut. Für diese Übung ist es wichtig, dass der Hund hoch motiviert ist, das Spielzeug oder Futter zu bekommen.

Übung 2

Eine wichtige Variante des Schauens ist, dass der Hund zwischen zwei Personen hin und her schaut. Die beiden Helfer stellen sich in ca. 4 m Entfernung zueinander auf. Der Hund sitzt zwischen ihnen. Jetzt erregt einer der beiden die Aufmerksamkeit des Hundes. Man kann ein Spielzeug verwenden – SCHAU. Der Hund schaut unverwandt für ca. 5 Sekunden hin. Dann lässt der Helfer das Spielzeug hinter dem Rücken verschwinden, und der zweite Helfer macht sich bemerkbar.

Am Filmset

Einer meiner Schäferhunde sollte für einen Werbefilm einmal vor einem Fernseher sitzen und angespannt lauschend dem Programm auf dem Bildschirm folgen. Die Kamera stand hinter dem Hund. Ich konnte also nicht hinter dem Fernseher stehen. Ich setzte Donar in Position und stand hinter der Kamera. An einer langen Angel hielten wir Donar seinen Ball an der Schnur so knapp über den Bildschirm, dass der Ball gerade nicht mehr in die obere Bildkante des Kamerabildes ragte, aber Donars Blick doch die richtige Richtung hatte. Das Hörzeichen SCHAU BALL genügte, und Donar hatte nur noch Augen für sein geliebtes Spielzeug.

»Schlafen«

Das SCHLAFEN ist eine oft gefragte Aktion. Der Hund liegt auf seiner Decke oder in einem Körbchen. Auf Hör- oder Sichtzeichen senkt er den Kopf, so als ob er entspannt ruht. Ein Schnipp mit dem Finger, und der Hund erwacht und hebt den Kopf. Als Hörzeichen eignet sich ein langgezogenes »SCHLAF«.

Damit ein Hund beim Film auf Hörzeichen so entspannt »schläft«, ist große Ruhe am Set nötig.

Übung

Lassen Sie den Hund bequem auf einer Decke oder einem Kissen liegen. Die Sphinxhaltung ist unnötig. Achten Sie darauf, dass der Hund entspannt und ruhig ist. Legen Sie sich zum Hund, sodass er nicht zu Ihnen aufschauen muss. Streicheln Sie ihm sanft über den Kopf und üben Sie einen ganz leichten Druck nach unten aus. Geben Sie zunächst kein Hörzeichen und bringen Sie auch kein Spielzeug oder Futter ins Spiel. Das würde nur Unruhe in die Übung bringen. Zwingen Sie den Hund zu nichts. Reden Sie beruhigend mit ihm. Sobald Sie in der Hand spüren, dass der Hund den Kopf von selbst senkt, geben Sie das Hörzeichen SCHLAFEN. Hat der Hund den Kopf vollkommen gesenkt, loben Sie ihn ganz ruhig und versuchen, die Hand ganz langsam wegzunehmen. Schließlich entfernen Sie sich langsam in Sichtweite des Hundes. Mit sehr viel Geduld können Sie dem Hund auch beibringen, die Augen zu schließen, indem Sie ihm sanft über die Augen fahren – AUGEN ZU. Beim Dreh erfordert die Aktion äußerste Ruhe am Set. Meist ist es gleichgültig, ob der Hund die Augen offen oder geschlossen hat. Er sollte auch auf ein Zeichen hin den Kopf heben können: Der Hund wird aufmerksam und horcht.

Schritt 1: Sorgen Sie für eine ruhige Umgebung.

Schritt 2: Reden Sie beruhigend mit dem Hund und drücken Sie ihm sanft den Kopf nach unten.

Dreharbeiten zu der Serie »Tierarzt Dr. Engel«. Der Hund muss mit gesenktem Kopf im Gras liegen.

Einen bestimmten Weg gehen

Bestimmte Wege im Set zu gehen ist eine der wichtigsten Übungen für Filmhunde. GEH WEG ist die Grundlage für viele andere Aktionen. Die tierischen Schauspieler müssen dabei punktgenau einen oder mehrere bestimmte Orte aufsuchen. Um diese Aufgabe bewältigen zu können, muss der Hund sich zunächst auf Entfernung leiten lassen. Er muss gewöhnt sein, sich ohne die unmittelbare Unterstützung des Trainers zu bewegen. Besonderer Wert ist dabei auf Sichtzeichen zu legen.

Übung 1

Wiederholen Sie das Detachieren (Lenken auf Entfernung) mit Markierungshütchen oder Ähnlichem auch in ungewöhnlichem Terrain. Geben Sie die Richtungsanweisung auch einmal aus der Hocke heraus. Beim Dreh kann der Trainer nicht immer optimal stehen. Der Hund lernt, sich auf Anweisung auf jeden Fall vom Trainer zu lösen. Das Detachieren im Freien mit zwei Anlaufstellen in ei-

Am Filmset

Wie der Trainer, so der Hund – die Stimmungsübertragung: Filmhundetrainer haben mehrere Möglichkeiten, ihre Schützlinge gemäß Drehbuch in die richtige Stimmung zu versetzen. Am wichtigsten sind die Stimme und die eigenen Bewegungen. Hörzeichen und Aufmunterungen haben durch die Wortwahl eine Bedeutung für den Hund. Sie werden stimmungsmäßig aber auch durch den inneren Zustand des Trainers gefärbt. Am schwierigsten ist es, sich nicht durch Trubel und Zeitdruck anstecken zu lassen und die nötige innere Ruhe zu bewahren, um dem Hund mit bedächtigen Bewegungen und ruhiger Stimme auf eine langsame Aktion einzustellen.

Detachieren

Einen Hund zu detachieren bedeutet, ihn aus der Entfernung mit Worten und Gesten an bestimmte Orte zu lenken und ihn Hörzeichen wie SITZ und PLATZ oder auch nur BLEIB ausführen zu lassen. Wie weit der Hund weg sein kann, hängt von der Ausbildung und Führigkeit des Hundes ab. Es können 10 m oder aber 50 m sein. Besonders Border Collies arbeiten auch noch auf sehr viel weitere Entfernungen exakt.

ner Entfernung von ca. 10 m beherrscht Ihr Hund nun. Nun üben Sie das Voranschicken mit verschiedenen Geschwindigkeiten. Lassen Sie den Hund einmal im Schritt zwischen den Podesten hin- und hergehen - LANGSAM. Dann fordern Sie mehr Tempo. Diese Übung ist gut dazu geeignet, auch die eigene Körpersprache und die Reaktion des Hundes darauf zu üben. Als Krönung üben

Schritt 1: Wiederholen Sie das Detachieren mit gehobenen Anforderungen.

Schritt 2: Schicken Sie den Hund mit unterschiedlichem Tempo zwischen zwei Podesten hin und her.

Schritt 3: Finden Sie heraus, welche Körpersprache Sie am besten für welches Tempo einsetzen.

Sie den Wechsel der Geschwindigkeit. Lassen Sie

Dreharbeiten zur »Münchner Straße«. Nouni wartet geduldig neben dem Schauspieler auf das »Bitte« zum Start.

Die Hütchen lassen sich für das Detachieren leicht versetzen und immer wieder zu neuen Wegen kombinieren.

Mein Rat

Zeigen Sie dem Hund einen Weg immer in der umgekehrten Reihenfolge, in der er ihn selbst gehen soll. Das gilt in besonderem Maße, wenn der Hund nur beobachten darf, wie Sie die Belohnungen auslegen. Hunde sind aufmerksame Beobachter. Sie laufen den zuletzt gezeigten Ort zuerst an und halten sich auch an Reihenfolgen. Verstecken Sie die Belohnung nicht.

den Hund vor jedem Wechsel zunächst anhalten. Das erleichtert die Konzentration. Es ist einfacher, vom langsamen Schritt zum Galopp zu wechseln, als umgekehrt.

Übung 2

Die Aktion GEH WEG muss vor allem auch in Räumen geübt werden. Der beste Trainingsplatz ist für den Anfang das eigene Zuhause. Suchen Sie sich einen Weg in Ihrer Wohnung von ca. 5-8 m Länge. Für den Anfang ist ein einziger großer Raum am besten geeignet zum Üben (der Hund sollte nicht außer Sicht kommen). Vielleicht ist es Ihr Wohnzimmer. Starten Sie den »Walk of Fame« in einer Zimmerecke. Der nächste Punkt, den der Hund anlaufen soll, könnte ein bestimmter Stuhl sein, und das Finale findet am Fernseher statt. Der Weg zwischen den einzelnen Stationen sollte ohne Hindernisse sein. Sie brauchen dazu als Motivation zwei Futterbelohnungen, die der Hund ohne viel Kauen zu müssen aufnehmen kann. Gehen Sie als Erstes den Weg mit dem Hund in umgekehrter Reihenfolge ab. Beginnen Sie beim Fernseher und zeigen Sie dem Hund, dass hier

Futter oder Spielzeug – Welche Belohnung ist besser?

Beides hat seinen Wert. Immer dann, wenn es darum geht, dass der Hund ruhig bleibt, bietet sich Futter als Belohnung an. Spiel bringt Aufregung. Das Gleiche gilt, wenn der Hund lernt, bestimmte Wege mit mehreren Stationen zu gehen, und der Übungsfluss nicht durch ein Spiel unterbrochen werden soll.

Am Filmset

Auch beim Film wird gespart. Mehrere Trainer am Set sind in Amerika gang und gäbe. In Deutschland werden sie nur für sehr große Produktionen gezahlt oder wenn der Hund eine Hauptrolle spielt und wichtige Aktionen definitiv nur mit zwei oder mehr Trainern zu verwirklichen sind. In allen anderen Fällen finden sich im Team aber immer begabte Aushilfstrainer.

eine Belohnung liegt. Dann gehen Sie mit ihm zum Stuhl, und schließlich lassen Sie ihn in der Zimmerecke absitzen. Entfernen Sie sich ein wenig. Der Hund hat die Belohnung auf dem Stuhl noch im Gedächtnis. Schicken Sie ihn mit GEH WEG zum Stuhl. Sollte der Hund wirklich versuchen durchzubrechen, unterbinden Sie den Versuch mit NEIN! Lassen Sie den Hund am Stuhl das Futter aufnehmen und schicken Sie ihn dann mit WEITER-GEH WEG zum Fernseher. Üben Sie 3-4-mal mit Futter an den Stationen. Dann täuschen Sie nur vor, dass Sie Futter ablegen. Um die Motivation nicht abklingen zu lassen, gehen Sie zum Hund hin und belohnen ihn, wenn er richtig gegangen ist.
Halten Sie diese wichtige Übung für den Hund interessant, indem Sie erfinderisch im Übungsaufbau sind. Bauen Sie einmal 2, dann 4 Stationen auf dem Weg ein. Ziel der Übung ist, dass der Hund lernt, auch komplexe Wege an jedem beliebigen fremden Drehort zu gehen, den Sie ihm nur ein paarmal zeigen können.
Oft wird an den einzelnen Stationen noch eine weitere Aktion verlangt sein. Üben Sie das, indem Sie den Hund z. B. sitzen lassen an Halt eins, ihn bellen lassen an Halt zwei. Wichtig ist Abwechslung. So lernt der Hund nicht nur nach dem Gedächtnis zu arbeiten. Gleichzeitig übt der Hund eine Folge von Handlungen (einen Weg) am Stück abzuarbeiten.

Schritt 1: Den gesamten Weg mit dem Hund von hinten nach vorne abgehen. Futter an den einzelnen Stationen zeigen.

Schritt 2: Den Hund zu der zuletzt gezeigten Station laufen lassen. Dann weiter.

Schritt 3: Die Wege wechseln und Aktionen an den Stationen einbauen.

Der Dreh im Auto

Besonders große Hunde sollten auf die Situation von Dreharbeiten im Auto vorbereitet sein.
Autofahrten kommen beim Film relativ häufig vor. Für den Hund stellen Sie eine ganz besondere Situation dar. Wenn nur der Innenraum des Fahrzeuges gefilmt wird, ist die Kamera meist über Aufbauten außen am Wagen selbst befestigt. Oder der Filmwagen fährt auf einem Hänger, und die Kamera ist in einem zweiten Wagen untergebracht. Die Wahl der Mittel hängt von der Perspektive ab.

Übung 1

Suchen Sie sich einen geduldigen Fahrer. Fürs Erste ist es besser, ein bekanntes Auto zum Üben zu verwenden. Die Aufgabe heißt: Der Hund sitzt ohne Beifahrer während der Fahrt auf dem Rücksitz, ohne sich hinzulegen. Für den ersten Teil der Übung wird von Ihnen selbst ein wenig Körpereinsatz gefordert. Machen Sie sich während der Fahrt im Fußraum des Wagens klein.

Dreharbeiten zu der Serie »Tierarzt Dr. Engel«. Haben Sie die Trainerin entdeckt? Sie klemmt im Fußraum des Vordersitzes.

(Es gibt auch beim Dreh Gelegenheiten, bei denen Sie mitfahren können. Der Hund sollte über die Situation nicht überrascht sein.) So können Sie dem Hund helfen, auch diese ungewohnte Situation zu meistern. Lassen Sie den Fahrer 5 Minuten einen Weg fahren, der auch Halts und Kurven beinhaltet.

Übung 2

Für Schritt 2 der Übung brauchen Sie einen Hilfstrainer. Suchen Sie sich einen geräumigen Parkplatz oder eine ruhige Straße. Der Hund sitzt im Auto - SITZ. Zur Abwechslung kann es auch der Vordersitz sein. Als Trockenübung steht das Fahrzeug noch. Konzentrieren Sie sich auf den Vierbeiner. Halten Sie diese Konzentration unbedingt auch, wenn das Fahrzeug langsam anfährt. Begleiten Sie das Auto noch ein Stück, dann bleiben Sie zurück. Immer in Sichtweite des Hundes. Sollte der Hund unruhig werden und aufstehen oder sich hinlegen, korrigiert ihn der Beifahrer - NEIN-SITZ. In der nächsten Stufe verschwinden Sie aus der Sicht des Hundes. In Schritt 3 fährt der Hund ohne Sie - zunächst eine kleine Runde. Er hat nun die Sicherheit, dass er nicht entführt wird, sondern immer wieder zu Ihnen zurückkommt.

Schritt 1: Der Hund sitzt beim Autofahren alleine auf der Rückbank. Sie fahren vorne im Fußraum mit.

Schritt 2: Sie bleiben außerhalb des Autos.

Schritt 3: Der Hund fährt im Auto mit, ohne Sie zu sehen.

Mit dem Schauspieler mitgehen

An der Leine mit einem Schauspieler mitzulaufen, ohne zu ziehen oder sich nach dem Trainer umzuschauen, ist für Filmhunde eine Selbstverständlichkeit. Aber auch das freie Mitgehen wird immer wieder gefragt.

Am Filmset

Es ist Ihre Aufgabe, den Hund so zu trainieren, dass er seine Aufgabe erfüllt. Schauspieler können dem Hund in der Regel nicht helfen. Sie müssen sich auf ihre Rolle konzentrieren.

Mein Rat

So festigen Sie das Mitgehen: Unser Hilfsschauspieler sagt beim Üben ein Gedicht auf oder unterhält sich mit einer zweiten Person. So gewöhnt sich der Hund an das Sprechen, ohne dass er gemeint ist.

Übung

Jetzt benötigen Sie eine Hilfsperson, die den Schauspieler mimt. Bitten Sie zunächst jemanden, der dem Hund nicht ganz unbekannt ist. Für die erste Übung verwenden Sie eine Leine, die der Hilfsperson um die Hüfte gelegt wird. Unser Schauspieler soll den Hund nicht mit der Leine führen. Sie ist nur ein Notanker, falls der Hund zu stark abweicht. Wichtig ist, dass der Hund sich in diesem Fall selbst korrigiert. Weder Sie noch die Hilfsperson geben ein Kommando. Führen Sie den vierbeinigen Schüler neben die Person und lassen Sie ihn stehen.

Unser Schauspieler zeigt dem Hund, dass er eine Belohnung (Spielzeug oder Futter) mitführt. Für die ersten Übungen lockt der Helfer den Hund mit dem Futter in der Hand. Dann steckt er es in die Tasche. Sie halten sich im Hintergrund. Sobald der Mime zu gehen beginnt, wird der Hund ihm folgen, da er sich an die Belohnung erinnert. Sie führen das Hörzeichen GEH MIT ein. Es kommt nicht darauf an, dass der Hund korrekt bei Fuß geht und förmlich klebt. Er soll einfach nur locker mit seiner Schulter in Höhe des Menschenknies folgen. Nach ein paar Metern greift die Person in die Tasche und belohnt den Hund, ohne ihn anzuschauen oder mit ihm zu sprechen. Das Lob kommt von Ihnen. Nach ein paar Übungen mit der Leine ist der Hund so weit, dass er frei folgt. Aber gehen Sie nicht zu schnell vor. Klappt das Mitgehen auf der grünen Wiese, ziehen Sie zum Üben in Räumen um und engagieren Sie neue »Schauspieler«.

Diese Übung wirkt einfach. Aber bei Dreharbeiten können sehr unterschiedliche Situationen auftreten, in denen der Hund mit einem Schauspieler mitgehen muss. Daher sollte man auch beim Üben große Sorgfalt walten lassen. Üben Sie das Mitgehen bei jeder sich bietenden Gelegenheit.

Die Übungsperson mimt die unbeteiligte Schauspielerin.

Schritt 1: Der Helfer ist mit dem Hund durch eine Leine verbunden. Der Hund korrigiert sich selbst.

Schritt 2: Der Helfer lockt den Hund mit Futter in der Hand.

Schritt 3: Der Helfer geht nicht auf den Hund ein und steckt ihm nur hin und wieder Futterbrocken zu. Das Lob kommt vom Trainer.

Schritt 4: Der Hund geht frei mit.

Schlussgedanke

Die Arbeit mit Filmtieren kann ein Traumjob sein, aber sie ist auch Knochenarbeit. Bei größeren Produktionen ist es keine Seltenheit, dass Tiertrainer 10 Stunden und mehr vor Ort sind. Das heißt nicht, dass die Tiere so lange vor der Kamera stehen.
Beim Film sind lange Wartezeiten gang und gäbe. Selbst für kleine Sequenzen der Tiere kann der Job tagfüllend werden. Da heißt es gutes Sitzfleisch und viel Geduld haben.
Mitunter kann es mühsam werden, die Tiere bei Laune zu halten. Das gilt in besonderem Maß für Nachtdrehs. Gage ist für kein Tier ein Argument. Für den Trainer heißt es, die Motivation der Tiere für jeden Dreh hochzuhalten. Stress und Hektik können am Set schon einmal aufkommen. Der Trainer muss damit umgehen können, ohne den Stress in die Arbeit mit den Tieren einfließen zu lassen.
Die Verdienstmöglichkeiten beim Film haben sich für Filmhundetrainer in letzter Zeit gewandelt. Die ganz großen Produktionen mit guten Gagen sind rar. Der Markt ist heiß umkämpft.
Kurz: Filmhundetraining ist eine befriedigende Beschäftigung, aber mit Glanz und Glamour hat sie absolut nichts zu tun, und die Verdienstmöglichkeiten sind meist auch nicht glamourös. Aber es macht Spaß.

»Tierarzt Dr. Engel«: Dr. Knoll alias Nouni hat sich bei der Gemsenjagd verstiegen und wird von der Bergwacht gerettet.

Schwierigkeitsgrad und ungefährer Zeitaufwand für die Tricks

	Seite	leicht – geringer Zeitaufwand	schwierig – hoher Zeitaufwand	sehr schwierig – sehr hoher Zeitaufwand
Pfotegeben	23	X		
Give me five	26	X		
Männchen	28		X	
Gib Küsschen!	29	X		
Lustiger Hund	30	X		
Mach Gymnastik!	32	X		
Rolle	33	X		
Toter Hund	34		X	
Wie spricht der Hund?	36		X	
Gesundheit!	39			X
Singen	43		X	
Gläschen Champagner?	44			X
Beten	46		X	
Steppen und Cancan	48			X
Ab ins Bett!	50			X
Nasereiben	53		X	
Sag danke!	55		X	
Soldat, robben	57		X	
Tanzen und Balancieren	59		X	
Leiter gehen	61			X
Lichtschalter	63			X
Bringen (apportieren)	67		X	

	Seite	leicht – geringer Zeitaufwand	schwierig – hoher Zeitaufwand	sehr schwierig – sehr hoher Zeitaufwand
Spielzeug in die Box räumen	71		X	
Aufräumen in die Schublade	73			X
Hund als Kellner	75			X
Telefon bringen	76		X	
Sprung über einen Stock oder Herrchens Arm	79		X	
Sprung über einen Menschen	81		X	
Sprung durch den Reifen	81			X
Komm in meine Arme!	83		X	
Such den Ball!	85	X		
Verlorenen Schlüssel finden	86			X
Jemanden aufspüren	89		X	
Nachrichten überbringen und Botendienste	91			X
Hütchen-Trick	92		X	
Seehund	95		X	
Der Hund, der einen anderen ausführt	97			X
Kinderwagen schieben	99			X
Achter und Zickzack	100	X		
Sprechen, zählen, rechnen	103			X
Namen von Gegenständen lernen	105			X
Lesender Hund	106			X

Adressen und Links

Nützliche Adressen

Verband für das Deutsche Hundewesen VDH e.V.
Westfalendamm 174
44141 Dortmund
Tel. 0231/56 50 00
Fax 0231/59 24 40
info@vdh.de
www.vdh.de

Schweizerische Kynologische Gesellschaft SKG
Länggassstr. 8
CH-3001 Bern
Tel. 0041 (0) 31/306 62 62
skg@hundeweb.org
www.hundeweb.org

Österreichischer Kynologenverband ÖKV
Siegfried Marcus Str. 7
A-2362 Biedermannsdorf
Tel. 0043 (0) 22 36/710 776
office@oekv.at
www.oekv.at

Berufsverband der Hundeerzieher/innen u. Verhaltensberater/innen e.V.
Eppsteiner Str. 75
65719 Hofheim
Tel. 06192/95 81 136
(Mo–Do 10–12 Uhr)
Fax 06192/95 81 138
info@bhv-net.de
www.hundeschule.de
www.hundeschulen.de
www.bhv-net.de

Deutscher Verband der Gebrauchshundsportvereine e.V.
Gustav-Sybrecht-Str. 42
44536 Lünen
Tel. 0231/87 80 10
Fax 0231/87 80 122
info@dvg-hundesport.de
www.dvg-hundesport.de

Der Klick, der weiterführt

www.hunde-spiele.de
www.hunde-tricks.de
www.vierbeinerspass.de
www.tanzende-hunde.de
www.dogdancing.de
www.agility.de
www.clicker.de
www.filmtiere-simbeck.de
www.filmtierranch.de
www.animal-emotion.com

Über die Autorin

Angela Wegmann bezieht ihr Wissen aus über 30 Jahren Erfahrung in der Haltung, Erziehung und Ausbildung der verschiedensten Hunde. Seit 18 Jahren arbeitet sie als Filmtiertrainerin für Filmproduktionen im In- und Ausland. Nicht nur für die Filmarbeit lehrt sie ihren Vierbeinern immer wieder neue Tricks und organisiert auch kleine Shows. Das Praxiswissen ergänzte sie durch ein Studium der Tierpsychologie und fortwährende Weiterbildung. Ihre Arbeit mit Hunden ist gekennzeichnet durch ein tiefes Verständnis für das Wesen des Hundes als Freund und Helfer des Menschen.

Impressum

Bibliografische Information der Deutschen Nationalbliothek

Die Deutsche Nationalbiliothek verzeichnet diese Publikation in der Deutschen Nationalbibliografie; detaillierte bibliografische Daten sind im Internet über http://dnb.d-nb.de abrufbar.

3. Auflage

BLV Buchverlag GmbH & Co. KG
80797 München

Bildnachweis
Alle Fotos von Angela Wegmann, außer:
Kompatscher: S. 25, 26, 28 r, 35, 37, 39, 42, 47, 49, 50, 53, 58, 62, 72, 80, 82, 94, 101 o, 101 u, 106, 112, 113 o, 113 m, 113 u, 122, 126
Stuewer: S. 6

Umschlagfotos:
Vorderseite: Gettyimages/Iztok Noc
Rückseite: Kompatscher

Lektorat: Dr. Friedrich Kögel, Dr. Eva Dempewolf
Herstellung: Angelika Tröger
DTP: Satz+Layout Peter Fruth GmbH, München

Gedruckt auf chlorfrei gebleichtem Papier

Printed in Germany
ISBN 978-3-8354-0540-0

Hinweis
Das vorliegende Buch wurde sorgfältig erarbeitet. Dennoch erfolgen alle Angaben ohne Gewähr. Weder Autor noch Verlag können für eventuelle Nachteile oder Schäden, die aus den im Buch vorgestellten Informationen resultieren, eine Haftung übernehmen.